TED
1小时科普
给孩子的世界启蒙书
One Hour of Science Popularization

在逃之人

Rescue: Refugees and the Political Crisis of Our Time

我们时代的难民与危机

[英]戴维·米利班德/著
(David Miliband)
徐瑞华 刘方正/译

中信出版集团|北京

图书在版编目（CIP）数据

在逃之人：我们时代的难民与危机 /（英）戴维·米利班德著；徐瑞华，刘方正译 . -- 北京：中信出版社，2021.4

（TED1 小时科普：给孩子的世界启蒙书）

书名原文：Rescue：Refugees and the Political Crisis of Our Time

ISBN 978-7-5217-2501-8

Ⅰ. ①在… Ⅱ. ①戴… ②徐… ③刘… Ⅲ. ①难民问题–通俗读物 Ⅳ. ① D815.6–49

中国版本图书馆 CIP 数据核字（2020）第 235849 号

TED 1 小时科普：给孩子的世界启蒙书
在逃之人——我们时代的难民与危机

著　　者：[英] 戴维·米利班德
译　　者：徐瑞华　刘方正
出版发行：中信出版集团股份有限公司
（北京市朝阳区惠新东街甲 4 号富盛大厦 2 座　邮编　100029）
承 印 者：北京诚信伟业印刷有限公司

开　　本：787mm × 1092mm　1/32　　总 印 张：30　　总 字 数：459 千字
版　　次：2021 年 4 月第 1 版　　印　　次：2021 年 4 月第 1 次印刷
京权图字：01–2019–6901
书　　号：ISBN 978–7–5217–2501–8
定　　价：168.00 元（全 5 册）

服务热线：400–600–8099
投稿邮箱：author@citicpub.com

献给路易斯，

我的爱的庇护所；

并献给艾萨克和雅各布，

让我远离尘嚣的挚爱。

目 录

CONTENTS

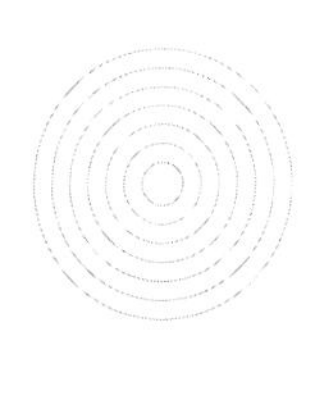

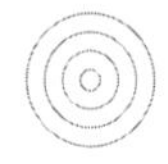

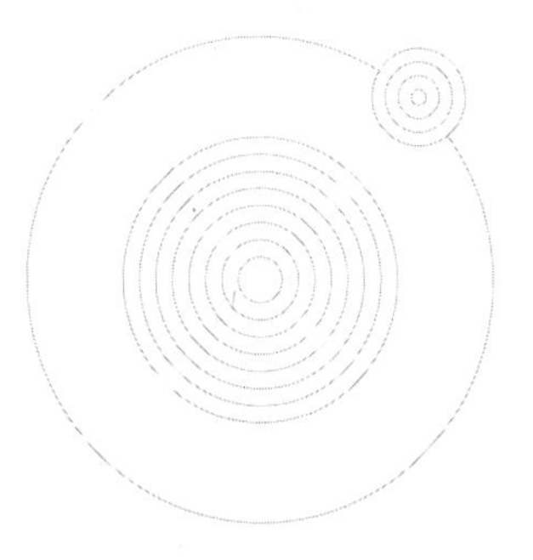

·· 引 言

我最早见过的难民就是我的父母。

我父亲是 1940 年时以难民的身份从比利时逃到英国的。德国人入侵那天，他和他的父亲逃离了他们在布鲁塞尔的家。他们时而步行，时而搭车，最终抵达了奥斯坦德港，登上了离开比利时的最后一艘船。在英国，父亲的生活越过越好。他学了英语，从伦敦西部的一家中学毕业，获得了伦敦经济学院的入学资格，在大学里上了一年学之后加入了英国皇家海军。他在海上工作，要用一种特殊的“听筒”（一种特殊的耳机）

来收听截获德国的信息。我小的时候，每次听到父亲给我讲诺曼底登陆的故事，都会感到特别的自豪。他跟我说，在 1944 年 6 月 6 日的晨光中，举目四望，各种形状、大小不一的船只铺满了海面，让人几乎看不见大海。

我母亲也有一个难民故事，那个故事始于波兰。她与母亲和妹妹一起经历了战争并幸存下来。她们先是躲进了一家修道院，后来一个非常勇敢的华沙家庭接纳了她。1946 年，她的母亲将她送到英国开始新的生活。她的父亲戴维在战争中阵亡了。在我小时候，家里人都不提我外祖父的事。然而，最近有一个德国历史团体写的文章中提到，有新的证据证明，戴维·科扎克于 1944 年底被从奥斯维辛集中营转到了斯图加特附近的海芬根集中营。1945 年，他死在了那里。

我的父母做了许多对难民来说最重要的事情：给自己的孩子提供他们自身从未享有过的安全保障。阿道夫·希特勒在德国掌权的第一年，父亲9岁；后来纳粹入侵他的祖国，他逃到了英国，那一年他16岁；战争结束的时候，他21岁。法西斯主义的兴起给他的童年蒙上了阴影。我母亲从5岁起就开始了四处躲藏的日子；那家华沙家庭接纳她，谎称她是个亲戚，那年她才7岁；最终她的母亲将她和一群波兰犹太孤儿一起送上一艘前往英国的船只的时候，她12岁。著名的英国拉比所罗门·舍恩费尔德（Solomon Schonfeld）向这些孩子承诺，会给他们一个新的生活，他确实做到了。

我的父母尽其所能确保我绝不会有这样的顾虑。尽管来自外国，我们还是成了一个英国的中产家庭。我们知道自己是犹太人，但并不是特别遵从民族信仰：我们不去犹太教堂，不给孩子举行受戒礼。1974年我9岁的时候，最关注的事情是在世界杯决赛中，荷兰怎么就输给了联邦德国（比分是1：2）。由于生活在一个中产家庭中，我没有受到玛格丽特·撒切尔社会改革的狂风暴雨的影响。1980 年，我上了大学，那时候我们纷纷抗议大学开始收学费，并且拒绝交学费。

我个人背后的这些故事深深地影响了我如何看待难民危机。这样的经历让我总是禁不住去想，那些人“也可能是我”。对我来说，我家人的经历使难民从一个模糊的类别变为一个有血肉、有精神的形象。这一经历展示出，我们的生活是如何依赖于陌生人的决定的。

2017 年 2 月，我前往伊拉克的哈泽尔难民营（距离摩苏尔四十几英里），去见一些逃离“伊斯兰国”的人，那时伊拉克部队重新收复了摩苏尔。我遇见了那比尔和阿米拉。他们坐在帐篷里的一张床垫上，那是他们在难民营的新家。[1] 除了身上穿的以及携带的衣物，再加上记忆和恐惧之外，他们一无所有。他们跟我提起了他们的女儿，说她依然被困在摩苏尔。她嫁给了一个曾为伊拉克军方工作的男人。出于这个原因，两年多的时间里，她被迫在摩苏尔过着地下生活，以防被“伊斯兰国”发现并处决。听到他们的故事，我不禁想起我母亲当年面临的极度危险。

在另一个帐篷里，我见到了易卜拉辛夫妇和他们的三个长着大眼睛的女儿。他们告诉我说：“我们朝伊拉克部队跑了 100 米，但感觉像是花了一年的时间才跑过去。”我的思绪又回到我的父亲和外祖父身上，想着他们当年为了登上前往英国的船，从布鲁塞尔到奥斯坦德走了 71 英里[①]的路。

今天的难民跟我的家人的宗教信仰不同，他们所处的环境不同，世界政治的背景也不同，但相同的是，他们也是要逃离战争和迫害，他们也失去了曾有的安全感，失去了所有熟悉的东西——家园、文化、家人和工作，冒着生命危险前往安全的地方。他们在拼命逃亡的时候，提出

---

① 1 英里约等于 1.6 千米。——编者注

的问题是一样的：吃穿住行怎么解决？如何生存？如何开始新的生活？谁可以信任？

有一个问题比所有其他问题都重要。这个问题是提给我们这些"非难民"的：对于无辜的战争受害者来说，这个世界负有怎样的责任？我们对陌生人有怎样的责任？这就是这本书要谈论的内容：在叙利亚、阿富汗、刚果民主共和国，有6500万人因冲突和迫害而流离失所，我们对他们负有怎样的责任？

危机

"危机"是一个被过度使用的词。我们如今能够看到大批被迫流离失所的人，他们由于战争或迫害不得不背井离乡。这些人数量巨大，因此这种情况配得上用"危机"一词来描述。这的确成了一场全球危机。

我们当前目睹的，是自第二次世界大战以来最大的人口逃离。总的来说，在这个地球上，每

113 人中就有一个是流离失所的难民。[2] 如果这些人组成一个国家，从人口数量上讲，这将是世界上排名第 21 位的国家（相当于英国的人口）。[3]

接下来你将会看到：在世界上最年轻的国家南苏丹，人们为了逃离暴力穿过国界进入乌干达；叙利亚人逃往约旦，为的是躲避交战双方投下的炸弹；尼日利亚人则要竭力躲避博科圣地组织的袭击。大量的人被迫流离失所，既是如今混乱世界的一种症状，也是混乱的原因。[4] 说它是症状，是因为这是这些国家政府治理失败以及国际社会未能兑现自己的承诺造成的；说它是原因，是因为它们会带来政局的不稳定。

这些难民和流离失所的人逃离的都是内战。自 20 世纪 90 年代初苏联解体、冷战结束以来，相比 1816—1989 年的平均水平，内战的数量上升了 10 倍。[5]

即使危机转瞬即逝，坐视不管等待风暴过去也是不道德的。这种短暂的危机不会造成全球性的影响。然而，现在的内战变得越来越漫长，而且对于深陷交战双方炮火之中的平民来说，影响是毁灭性的。我相信，我们看到的不是暂时性的现象，而是一种趋势，而且这一趋势被一些长期因素驱动，这些因素尚未完全发挥作用。

越来越多国家的政治机构无法在其和平边界内满足不同种族、政治或宗教团体的需求和愿望，其结果就是冲突，再加上贫困以及薄弱的政府治理等因素，就会造成巨大的人口迁移。与此同时，相对于需要解决的问题而言，以联合国为首的致力于政治协调和达成共识的国际努力，比二战后的任何时期都要弱。政治学家伊恩·布雷默（Ian Bremmer）将当今世界称为“缺乏领导者的世界”。[6] 从另一个角度看，随着经济实力的分散，如今的领导者太多了，但没有任何一方真正负责。

这场危机规模巨大，而且并未显示出消失的迹象，它有着深刻的根源和复杂的后果，挑战着过去向难民提供援助的方式。如果难民危机得不到很好的解决，将会造成更大的不稳定和更多的痛苦。

拯救我们

难民和流离失所的人已经失去了一切，但是，难民危机不仅仅是关乎“他们”，同样还涉及“我们”——我们生活在更舒适的环境中意味着什么，以及我们如何看待自己在世界上的地位。这不仅是对我们的政策的考验，也是对我们品格的考验。通过考验，我们不仅拯救了我们自己和我们的价值观，同样也拯救了难民和他们的生命。

我领导着一个致力于帮助难民和流离失所者的组织，叫作国际救援委员会（International Rescue Committee，下文简称 IRC）。我们有 2.7 万名工作人员和志愿者，他们在 30 个受战争影响的国家或地区工作。我们有 90% 以上的工作人员来自直接受冲突和灾难影响的国家或地区。我们不必说服他们走向危险和骚动的地区，他们努力改变的就是自己所在的社区。他们向难民提供人道主义援助，其中包括医疗保健、水和卫生设施、教育、就业，以及保护难民免受伤害。在美国的 26 个城市，我们还帮助难民重新定居，开始新的生活，包括去机场接他们，帮助他们的孩子融入学校，以及帮助他们找到工作。我同事们的工作就是每天在危机之间穿梭，在危险的地方以及自己家里，带着高度的责任感奉献他们的聪明才智。

IRC 的工作矗立在 20 世纪西方世界一些巨人的肩上。爱因斯坦在他的祖国德国，被纳粹分子指控犯有叛国罪，他的相对论理论也被称为“犹太物理学”，他的书在净化“非德”精神的运动中被烧毁。在 1933 年 10 月逃到美国后，他说：“我几乎为生活在这样的和平中而感到羞耻，因为留在德国的犹太人陷入了挣扎和痛苦之中。”

因此他积极行动起来，其中之一就是帮助建立了IRC。

· · ·

第二次世界大战后，难民法和难民保护条例得到了西方领导人的推动。对于战争中平民受害者失去国籍、被疏远和感到绝望等情形，他们做出了“再也不会”的承诺。在很大程度上，救援工作的开展方式，取决于 80 年来制定全球规则、维护全球规范、努力资助全球人道主义的国家公民及其领导人的思维模式。然而，今天的国际氛围既苦涩又充满矛盾。叙利亚难民问题在美国总统竞选中被妖魔化，而对外援助被视作国家难以承受的负担，甚至比这种说法还要糟。此外，难民问题还被认为是英国选择脱欧、将自己隔离在欧洲之外的一个原因。

我们现在需要弄清楚，从 1951 年制定《关于难民地位的公约》到现在已经过去的这 65 年是不是有些失常？我们是否应该继续维持带有启蒙主义色彩的对待陌生人像兄弟姐妹一样的理想主义的做法？我认为，我们应该而且也必须这样做：维持难民制度的完整性；使难民人口的困境人性化；向公众解释支持难民问题的战略必要性，比如约旦、巴基斯坦和埃塞俄比亚等正在处理大量难民问题的国家；以及，欢迎难民来到我们自己的国家，并将他们融入我们的国家、工作场所、宗教活动场所以及餐桌周围。

我清楚地认识到，难民不是恐怖分子，他们是恐怖袭击的受害者，他们的处境并没有可怕到无法改善。如果我们不去采取行动改善他们的处境，这不仅意味着他们会继续承受苦难，而且意味着我们要蒙受耻辱、面临麻烦。

我们面临的挑战不仅仅是要拯救那些需要帮助的人，而且要拯救和更新那种鼓励国际参与及相互尊重的价值观。对于西方国家在过去 80 年中所做的事情，这些价值观的影响起到了至关重要的作用，而这些做法已成为国际惯例，并最终确定了我们是谁、我们的社会有多强大，以及我们在世界各地发挥了多大的作用。

我们并没有有力且明确地应对这一挑战，由此带来的危险，是我们放弃了努力，默认失败。2017 年 2 月，当我在硅谷向一家蓬勃发展、人才济济的软件公司致辞时，我想到了这一点。该公司的员工对唐纳德·特朗普总统于 2017 年 1 月 27 日下令打击非法移民和难民的做法感到愤怒。当时，我告诉该公司，美国提议禁止来自 7 个伊斯兰国家（后来减少到 6 个）的游客入境，以及在对现有规定进行审查之前 120 天内禁止所有难民入境，这不仅仅是选举造成的结果，而是 40 年来思想混乱的产物。在一定程度上，对于难民是什么样的人，他们为何流离失所，他们与全球日益增加的移民趋势有何关联，又有何区别，政府的想法既混乱又自以为是。

但我们再也没有任何借口了。叙利亚内战被广泛认为是现代世界最严重的人类和政治悲剧之一；阿富汗、刚果民主共和国和索马里的内战已经持续了一代人的时间；南苏丹、尼日尔和尼日利亚的新冲突致使伤亡人数不断增加。在每一个案例中都有大量的杀戮事件以及大批人口逃亡。现代社交媒体让我们可以在智能手机上实时看到正在发生的事情。

· · ·

有人认为这个复杂的全球问题是无法解决的，我不这样认为。我希望更多的人理解并帮助难民和其他流离失所的人。虽然我已经从一个曾关注诸多领域的政治家变成了专门的人道主义非政府组织的领导人，我仍然想把人们被迫流离失所的原因与促使自由民主国际秩序的力量联系起来，这一目标给我带来了机会，而且我相信这是人类的希望所在。

选择迫在眉睫。对于难民和流离失所的人来说，需求非常紧迫；对于西方民主国家来说，我们的道德和战略品质岌岌可危。辜负了难民，也会辜负我们自己。

政治

2013 年，我的生活发生了巨大的变化：我离开了英国政界，进入了非政府组织，在纽约加入了 IRC。我认为这一选择可以将我的价值观、家族史和专业技能结合在一起。我想简短地回顾一下我在政治和政府方面的工作经历，因为在那里学到的经验教训对我目前的工作和对难民危机的理解产生了一定的影响。

我在政治上一直都偏左翼，致力于让少数人的特权和选择成为多数人的经验。我的一些同学在 15 岁时没有参加任何考试就离开了学校，那时候我开始认识到学校里存在着机会的不平等。社会公正对我来说不是附加物，而是基本需求。我的大脑告诉我，改变世界意味着发展人们会支持的想法。

1994 年，当时的反对党领袖托尼·布莱尔要求我负责他办公室的政策运作，我开始参与到接近英国政界最高层的一些事务中。我所在的工党已经连续四次在选举中失利，我的工作就是剔除那些不会奏效、会让我们失去选票的政策，找出那些有影响力、受欢迎的政策。那时 29 岁的我开始有机会目睹我所属的政党和国家的变化，并为之做出贡献。

接下来的 7 年，工党在 1997 年和 2001 年分别以压倒性的优势获得了多数席位，这是工党有史以来最成功的和平时期的执政经历。20 世纪欧洲最不成功的社会民主党之一突然变成了最成功的，无论是在选举方面，还是在某些政策方面。

在那个时期，执政的保守党有很多修正主义的做法。它经常宣称没有偏离玛格丽特 · 撒切尔的政治——建设小政府，放松监管，诸如此类，但事实并非如此。在公共支出、劳动力市场监管（最低工资、雇员保护）和解决贫困问题上，在妇女权利和同性恋权利的社会改革上，以及在欧洲政策、海外援助和宪法改革上，那个时期的政府为国家设定了不同的轨道。我知道伊拉克战争成了我所在的政党执政时期的一个灾难性象征，我将在本书后面讨论它，但这远远不是故事的全部。尽管有理由认为我们本应做得更多，但就金融监管政策的改革而言，说我们没有做出任何改变是不对的。当我们的执政时期被称为“精简版保守党”（Tory lite）时，我有一种挫败感。我认为，我们最终之所以陷入了困境，是因为我们并没有在已经取得的成就的基础上进行适应和改革，而不是因为选民分辨不出我们和保守党之间的区别。

我们吸取了很多经验教训，其中有些教训让我们付出了巨大代价。例如，一个政府如果不停地制定和执行政策而无暇他顾，就容易失去其目标和价值观。在 2008—2009 年，我们成功地拿出了应对经济危机的应急措施，但同时也遇到了问题。人们认为我们“拯救了银行家”，而实际上我们的确保护了人民的生计。在处理政府自身改革问题的同时，我们也吸取了一些经验教训：必须由始至终坚持政策，做到真正改变现状；试图管理媒体是一种疯狂的行为；以及，必须改革和振兴政府之外的政党结构。

但是我们得到的最重要的教训是，要了解你自己的思想与构建你自己的现实版本之间存在何种区别。这让我认识到成功和失败的政治人物之间的区别。如果无法跳出自己的思维定式，认识到它的利弊，最终你会陷入困境，因为那样的话你就无法看到选民的观点。作为员工，你的工作是帮助老板站在正确的一边，让想法自由流动，分析和捍卫你自己的观点。当然，政治上越成功，挑战那些在成功的政治项目上聚集起来的群体思维的重要性也就越大，难度就越大。

2001 年英国大选前，托尼说服我进入议会，并帮助我成为英格兰东北部南希尔兹选区的民选议员。这种做法，有时被称为“空降”，经常受到批评，因为它让外来者进入了传统的工党社区。但这种批评只有在新议员认为自己无所不知、行为举止像帝国列强在殖民地的代表那样颐指气使时才成立。我发现，南希尔兹的人关心的是我能否为他们提供帮助，而不是我来自哪里。

前采矿业和造船业社区对我来说都是陌生的。我记得一个周六的晚上，在克里顿社交俱乐部——以前是一个男性工人俱乐部，但现在也接纳女性了——一个当地乐队的两场演出之间，我走上了台。大厅里至少有 150 人，主要是中老年人，四五人一组围坐在小桌子周围。有些人在玩多米诺骨牌，有些玩宾果游戏，有些玩纸牌，还有些在喝酒。屋子里烟雾缭绕（当时还没有颁布禁烟令）。我四处走动，遇到人就跟对方介绍自己是新的工党候选人。然后我就得上台演讲了。我穿着西服，戴着眼镜站上去，尝试跟大家做自我介绍，说明我希望为南希尔兹做什么，以及我需要他们的选票。做这些的时候我感到有些局促不安。但人们不在乎我的打扮，他们的立场是："告诉我们你能做什么。"

南希尔兹成了我生活中全新的一部分。慢慢地，我开始珍惜我在那里的人际关系。这些人让我想起了 20 世纪 70 年代我们住在利兹郊外一个小镇时学到的一些东西：社区的存在很有意义，对于生活在底层的劳苦大众来说，生活中的各种选择最为艰难，而要想代表他们，就要尊重他们。对一个从政的人来说，你自己如何做人至关重要。如今回到南希尔兹的时候，我仍然特别喜欢那里。

2002 年，我被任命为教育大臣，开启了我坐在英国政府前排座椅的 8 年。在 2005 年大选后的一年时间里，我负责地方政府工作，2006 年成为环境大臣，2007 年开始在戈登 · 布朗政府担任了三年的外交大臣。我总是说，政府比非政府组织有更多的权力，但做事的时候也面临更多的障碍。这些障碍，其中一些是对行政权力有效的制约，在必要的时候值得我们去克服，因为能对人们的生活产生积极影响的事情非常有意义。我从政的动力来自我们支持的儿童教育、我们赋能的城市，以及国际领导力（首先是在环境领域，然后又扩展到更广阔的领域）。我的做法是把受这些问题影响的人，通过某个宏大的目标团结起来，比如重建该国的每一所中学，赋予“城市地区”更多权力，通过气候变化立法约束未来的政府减少温室气体排放，以及推动巴尔干半岛和平发展等。

领导一个政府部门是一项前所未有的挑战，因为人们会依据多个标准对你进行评判：制定政策让国家变得更好，然后看看这些政策是否真的让国家变得更好；与反对党竞争以使你的议案获得通过；面对媒体要坚忍不拔，因为媒体可以成就你，也可以毁掉你；与也许会把你视为竞争对手的同事合作；在不成为斯德哥尔摩综合征[①]受害者的情况下，为你所在部门的公务员带来自豪感。我发现，如果一个人感到工作充满可能性，他会觉得异常振奋。我在政府工作中形成了自己的观点，磨炼了自己的领导力，并重塑了自己的价值观。

在我担任外交大臣期间，我们一家仍然住在原来的房子里（没有搬到位于第二次世界大战期间戴高乐将军司令部附近的卡尔顿花园1号的官邸）。我们继续保持着原来的朋友关系网。当然了，假装一切都没有改变是没有意义的。当你带着孩子去上学的时候，有24小时配备机关枪的警卫站在你的房子外面，还有一支安保队伍在马路的另一边巡逻，这种感觉很奇怪。在警察那里，我有自己的代号“MetPol 704”，这也是不

① 斯德哥尔摩综合征，是指被害人对于加害人产生情感，甚至反过来帮助加害人的一种情结。——译者注

寻常的。当我们晚上开车回家的时候，安保小组的人会以袖掩面悄悄地说这个代号。复活节的时候，能邀请自己的朋友和他们的孩子去伦敦郊外一座 17 世纪建的占地 2000 英亩的房子里寻找复活节彩蛋，这的确是一种特权，因为作为英国的外交大臣，周末有权使用这座房子。在英国，政府不提供专机，但我们不缺老房子。

在 2010 年大选中，工党政府失利，其中的原因值得专门写一本书来阐述。我在 2010 年工党党魁的第二轮选举中输给了我的弟弟爱德华·米利班德。竞选活动及其结果在短期和长期、个人和政治上都有着非常负面的影响，因此回想那个时期会让人感到痛苦。这些结果意味着，对个人和职业生活的最基本的构想，我都需要从头开始重新思考。最终，这意味着要开始新的生活。

只要投身政界，你就会引来关注，因为你做的事都是利害攸关的。但是相关的审查会越来越多地降临到你的家人头上，而不仅仅是你。工党领袖选举受到一些独特的政治力量的影响，每件事都会受到一个外在的并且不受欢迎的力量的左右。一旦参与其中，突然间，你什么话都不能说了，因为在媒体的嘈杂声中，政治分歧会被放大成家庭不和。时至今日，情况依然如此。

我从中学到的，就是必须把政治焦点放在全国选民身上。我之所以竞选党魁，是因为我认为我有想法、有能力让工党再次成为变革的力量，能够给人们的生活带来积极的变革。但是政党会慢慢变得只把注意力集中在自己身上，在自己的金鱼缸里辩论，与大多数公众隔开，无法再代表公众的利益。一个政党执政了 13 年之后，反对该政府的妥协政策的呼声就很容易形成市场，这比正确施政要容易得多。一旦发生这种情况，该政党就会变成站在权力走廊之外的施压集团，而不再是一个发号施令的执政党。2010 年之后，工党就发生了这种情况。

政府和政治如同一枚硬币的两面。二者有共同的需求，但也有各自独特的元素，你不可能选择一个而舍弃另一个。我喜欢竞选，在领导人竞选活动中，我发起了一场社区组织运动“Movement for Change”（改革运动），这一运动对竞选活动起到了推波助澜的作用。但我可能更擅长政府工作而不是政治运作，后者更多地意味着在行动与说服（公众）之间取得平衡，把握大局时超越狭隘的党派观点，并且在制定政策时超越某些人的个性等。当然，比起党内的政治动态，我更擅长处理以国家为中心的政府事务。在需要将执政心态转变为竞选心态时，我转变得不够快。

在 2010 年大选之后，我所在的政党失去了执政地位，我也失去了在工党中的权力。我希望布朗能击败保守党，但我认为他选择的道路是错的。我有两个选择，保持沉默或分裂政党，这两个我都不想选。当时我正处于职业发展的黄金期，但感觉自己只是在走过场。保守党和自由党联合政府没有听取我对青年失业问题的意见，针对这个问题我当时领导着一个独立的委员会。我的政党选择了另一条道路，在此情况下，我说的任何话都会被看作对我弟弟的恶毒攻击，不管我提出什么观点，都会被人说成是演戏，从而掩盖了我的观点的实质。我觉得我什么也做不成。我需要找到办法来走出困境。

非政府组织领导人

2012年7月，我的机会来了。有一次，我和我的朋友、前内阁同事詹姆斯·珀内尔（James Purnell）共进午餐。那时，我是一个沮丧的议员，他是电影制作人。我们都曾在工党政府任职，并深信工党现在离重新执政的理想还很遥远，而且是越来越远。我们都认为保守党会再次获胜。那天，我们讨论了各自的职业选择。

詹姆斯问我是否听说IRC正在寻找一位新

的首席执行官。事实上，我不仅不知道这个职位在公开招聘，而且对 IRC 到底是什么也很模糊。詹姆斯说，这是一个人道主义组织，总部设在纽约。我第一次意识到，或许在那里工作可以让我不受在英国的政治身份的限制并且摆脱掉以前的包袱，让我能够做我所坚信的事情。我立即访问了该组织的网站。该组织的价值观念是强有力的，但其影响力不得而知。正是由于看到了这一点，让我认识到这是一个机会，抓住它，我就可以为一些重要的事情带来真正的改变。

9 个月后，经过三次面试，我走进纽约中央车站对面的一间会议室，向当时在 IRC 总部的大约 300 名员工发表演讲。那天我的家人和我在一起，孩子们的出现让气氛变得温馨而轻松。这是一个新的开始。我告诉员工我申请这份工作的原因：人道主义挑战的重要性、IRC 的潜力，以及我的家庭故事。我说，如果 IRC 不存在，它也需要被创造出来——这种需求非常强烈，世界需要一个以帮助流离失所者为关注点和专长的组织。

我很清楚自己以前没有在人道主义组织工作过，并且猜想我的一些新同事也是这样的。我试着跟大家说明，之前作为一名政治人物，这一身份如何能帮助我为新的身份做好准备——我不仅拥有公共政策和其他国家方面的知识，在此过程中，我还形成了理想主义和实用主义相结合的思维方式。我的从政经历给了我一些经验教训，比如如何学习专业知识从而尊重专业人员，如何用一双崭新的眼睛建立远景规划和战略，如何在争议中找到最佳结合点来塑造一个项目或一份事业，如何争取支持并建立同盟。

我身边的人——工作人员、志愿者、我们所服务的人，既教育了我，又启发了我。在这本书里我记录下了他们的故事。2015 年 9 月一个周日的晚上，800 名疲惫而恐惧的难民被困在希腊的莱斯沃斯，他们距离难民登记中心 25 英里。现场混乱，难民无依无靠，面临危险，但是在救援人员的努力下，他们有序地登上大巴车，前往安置地点，而且老人、病人和年幼的孩子得到了一定程度的照顾。一位埃塞俄比亚的牧民告诉我：“水就是生命，你给了我们生命。”那些人也给了我帮助，改变了我。现在，积极的统计数据仍然会让我感到兴奋，但真正让我感到振奋的，是那些真人真事。

在这里，我告诉了大家自己的一些经验，以及政府、企业和个人能够做些什么。如果要成功地解决这场危机，人人都需要发挥作用。我不只是想传达政府应该做什么，还想让大家感受到一种紧迫感和代入感——去做某件事的冲动，以及如何去做。因为我知道，80 年前是一个个独立的个人的决定拯救了我亲人的生命，而今天我们需要的，也是同样的精神。

坦桑尼亚的尼阿鲁古斯难民营，孩子们在玩耍。
摄影：格里夫·泰伯尔

·· 第一章

危机与挑战

在 2013 年 9 月担任 IRC 领导之前，我想了解一下世界各地难民和流离失所者所面临的情况，以及该组织为满足他们的需求做了哪些工作。我读过有关报道，知道数千万人因战争和迫害而流离失所，但他们的生活究竟是怎样的呢?事实证明，我的想法与实际情况严重不符。

2013 年 5 月我去了约旦，同年 7 月去了肯尼亚。这两个国家各自收容了大约 60 万登记在册的难民，而且约旦政府说，还有同等数量的难民没有登记在册。提及难民，我的脑海中就浮现出一个典型的形象：一个站在难民营铁丝网后面的人。

在约旦，我被带到扎塔里难民营，那里有12万人。当时那里一片混乱。营地管理人员忧心忡忡，他们担心建设计划会出错，犯罪网络会胡作非为，还担心医疗和教育服务缺乏协调。但真正让人触目惊心的景象不是在难民营，而是在距扎塔里20公里外的马弗拉克镇。

2011年，马弗拉克有12万居民。随着叙利亚难民的到来，人口在几个月内翻了一番。从街道到学校再到商店，到处都挤满了人。

我第一次来到位于马弗拉克的IRC健康中心后面的一间房子时，眼前的景象让我过目难忘。这个房间就在一个儿童看护室的隔壁，中心的走廊里挤满了等着看医生的病人。大多数人都是带着孩子的母亲，她们大多坐在椅子上等待。在她们头顶上贴有说明洗手重要性的告示，以及美国和英国政府提供的海报，这两个国家对该中心提供了支持。

穿过这间房子，再往后，气氛则大为不同。大概有 30 名妇女和女孩聚在一个空房间里，背靠着墙坐在地板上。有几张桌子，上面放着水和纸巾。通过口口相传，她们发现女人们可以安全地聚在这里聊聊天，哭泣一下，做些计划，甚至追求梦想。所有出席者都戴着头巾，通常是纯色的—— 一般是亮粉色、橙色或蓝色，偶尔也有黑色。屋子里很热，我注意到一些妇女仍然穿着厚厚的袍子，布料几乎像窗帘那么厚，大概是从叙利亚带来的。

有些人躲避我的目光，有些人则感到好奇，抬眼看我。她们唯一一次微笑是在我问她们是否想过要回叙利亚的时候。“愿真主保佑。”她们异口同声地说。她们还说，一些女孩其实是能上学的，但是她们不让女孩去，因为害怕她们在路上不安全。她们还说，为了付房租，她们正慢慢花光积蓄。她们解释说，她们的丈夫和儿子为了避开约旦当局的检查，都在一些不正规的地方非法打工。她们还谈论起被抛在身后的房子、亲戚和生活。

这些都是城市难民。他们都不是个例，而是代表了大多数人，不仅在约旦如此，在全世界都是这种情况。在因战争和迫害而越过边界逃离家园的 2500 万人（难民和寻求庇护者）中，只有大约 400 万人住在有组织的难民营里，主要是在撒哈拉以南的非洲地区。[1] 最大的难民营往往本身就是个城市——以扎塔里为例，它当时是约旦第四大城市。但是 60% 的难民住在普通城市里，而不是难民营中。[2]

这一点尤为重要，因为城市里的难民的需求与难民营的人不同。他们不会得到住所，也不会得到分发的食物。针对难民的教育、卫生保健和其他支持系统的设计需要与当地社区相适应。

长期的流离失所

我曾经以为大多数难民都住在难民营而不是城市里，这个想法并不是唯一的感觉和现实之间不符的地方。我刚开始在 IRC 工作的时候，以为大多数难民和流离失所的人只是在几年内无家可归，过了这个阶段，他们就能回到自己的家园。此后，我开始有机会和难民面对面地交谈。

当我去肯尼亚东部当时世界上最大的难民营达达布时，我意识到了长期流离失所意味着什么。线索就在地名上：达达布（dadaab），在当地方言中，这个词的意思是“岩石密布的艰苦之地”。

该营地建于 1992—1993 年，是索马里人在遭受内战蹂躏之际寻求安全庇护的临时避难所。二十多年后，我在这里遇到了思洛（Silo），一个住在难民营的年轻女子。

她住在营地里一个相对平静的地方，把自己的家用带刺的木条围了起来。[本·罗伦斯（Ben

Rawlence）写了一本关于达达布的书，书名是《荆棘之城》（*City of Thorns*），因为那里到处都是灌木丛。]思洛的住所是一个直径只有几米的圆形结构，由木头、帐篷、破布和纸板拼凑而成。铁皮门似乎是用罐头盒做成的。她有两个孩子，其中一个穿着一件已经穿了很久的红色T恤，上面的黑色字母是奥巴马的名字。

当我问她是否觉得自己有朝一日会回到索马里的家时，她的回答让我惊讶不已。"你说的回家是什么意思？"她回答道，"我出生在这里。"我询问了难民营的管理人员，他们告诉我，当时住在难民营里的33万索马里人中，有10万人就是在难民营出生的。

我本不应该感到如此震惊。此前我在访问泰国湄索区的一个缅甸难民营时，就跟难民营委员会的人见过面，他们代表当地居民帮助和管理缅甸难民。委员会的秘书30岁出头，口齿伶俐。他很聪明，受过良好的教育，办事效率很高。我问他，是否想过回缅甸，他耐心地跟我解释说，他从未在那个国家生活过，因为他的父母在他出生之前就逃到了泰国的难民营。

全球的数据很复杂，但有一点很明确：冲突或迫害导致的流离失所是长期的，而不是短期的。最近有数据显示，难民流离失所的平均时间（不仅是在难民营中）为 10 年，而对于所有流离失所达 5 年以上的难民而言，他们无家可归的平均时间为 21 年。[3]

其中一个原因是内战往往比国家之间的战争持续时间更长。大卫·阿米蒂奇（David Armitage）在他的著作《内战：观念中的历史》中指出，20 世纪下半叶，内战的持续时间往往是这个世纪上半叶的三倍，而且内战比其他类型的战争都更容易重演。阿米蒂奇的言论让我们想起保罗·科利尔（Paul Collier）的真知灼见："内战最有可能留下的遗产是更进一步的内战。"[4]

1975—1990 年，黎巴嫩内战持续了 15 年，但最终交战各方同意分享权力，而不是继续争夺权力。塞拉利昂、利比里亚和东帝汶的战争已经结束，在某些情况下是在受到广泛的外部干预的情况下结束的。但有证据表明，战争的流血会破坏和平的前景和稳定。比如阿富汗，在过去 40 年的大部分时间里，内战一直主导着这个国家，大家如果看看那里的情况，就会了解内战的危险。索马里和刚果民主共和国的内战也持续了几代人的时间。

了解这一点很重要，因为如果人们背井离乡十年，而不是仅仅十周或十个月，他们的需求就会改变。他们的孩子将渴望接受教育，他们自己也需要工作，此外，为他们提供支持和帮助的国家也需要更多的帮助。

接纳者和资源

从西方媒体的报道，如英国对法国加来所谓的丛林难民营的报道，或者美国对叙利亚难民进入美国的争论的报道中，你可能会猜测，大多数难民都在西方国家。这不仅是错误的，而且错得离谱。这是另外一个想法和严峻的现实恰恰相反的实例。

如果将收容难民最多的十个国家的总收入加起来，也只占全球总收入的 2.5%。[5] 它们都是贫穷国家，或者充其量是中等收入国家。土耳其有 290 万登记在册的难民，巴基斯坦有 140 万，黎巴嫩有 100 万，伊朗和乌干达各约 100 万，埃塞俄比亚有 80 万……[6] 在黎巴嫩，1/4 的人是来自叙利亚、巴勒斯坦或伊拉克的难民。[7]

这就是当今全球难民危机的现状：难民集中在世界较贫穷的地区。欧洲占全球收入 20% 以上，这里接纳了全球 11% 的难民；美国占有全球 25% 的收入，却只接纳了全球 1% 的难民。[8]

仔细想想，就会发现大多数难民不在西方自有其道理。他们中的大多数人在逃到邻国之后就滞留下来。除了 500 多万巴勒斯坦人，还有大约

1350 万难民（占难民总数的近 80%）滞留在远离西方世界的十个国家：叙利亚、阿富汗、南苏丹、索马里、苏丹、刚果民主共和国、中非共和国、缅甸、厄立特里亚和布隆迪。

此外，还有 4000 万国内流离失所者（IDP）因冲突或迫害失去了家园。去年，每秒钟就有一个新的国内流离失所者诞生。[9] 美国前副国务卿尼古拉斯·伯恩斯（Nicholas Burns）试图摆脱“国内流离失所者”这样官僚气息浓郁的术语，称他们为“在逃之人”。这些人仍然留在自己的祖国，但因冲突或迫害逃离了家园。他们中的绝大多数人像难民一样，离富裕国家还很远。

由于如此多的流离失所者长期无家可归，生活在城市地区而不是难民营，而且集中在中低收入国家，这些对普遍假设提出了第四个挑战。虽然传统上认为消除贫穷的动力是发展，但这与应对危机的人道主义救援工作不同，实际上，今天的难民和流离失所者是新的全球贫困人口。

流离失所与贫困

布鲁金斯学会（Brookings Institution）的劳伦斯·钱迪（Laurence Chandy）和他的同事记录下了过去25年来极度贫困人口的显著减少。根据世界银行的数据，现在对极度贫困的定义是每天收入低于1.90美元。[10] 极度贫困人口的比例从1950年的55%下降到了2013年的10%（到现在这个数字就没那么好看了）。[11] 如今，世界的财富是20世纪50年代的50多倍，可是至今仍有7.5亿贫困人口生活在这个世界上，可以说，这是全世界的伤疤。[12] 当然，我们的进步还是很快的。

然而，这种贫困的分布已明显转向受冲突影响的国家。经济增长虽然分布不均，但和平国家的贫困正在减少。在中国和印度，过去的30年里有数以亿计的人摆脱了极度贫困，同样地，数以亿计的中产阶层也成长了起来。

但在存在冲突的国家，发展受到阻碍，其结

果就是贫困。因此，尽管全球极度贫困率从1990年的37%下降到了2010年的16%，但冲突逆转了这一进程。钱迪和他的同事引述了科特迪瓦的例子：由于动乱、军事政变和内战，贫困率从20世纪80年代末的10%上升到了35%。[13]他们对全球形势的总结值得引用："在与极度贫困做斗争但是失利的国家中，冲突是一个主要特征，这不足为奇……全球贫困正越来越集中在这些国家。1990年，世界上1/5的穷人生活在有内忧外患的国家；今天，2/5的人生活在这样的国家。"对2030年的预测表明，这一数字可能会达到2/3。[14]

在世界银行划分出来的31个低收入国家中，有27个在政治、安全或环境方面存在严重问题。[15]这是一个恶性循环：战争和贫穷与难民潮相伴而生，难民潮导致了更大的脆弱性和更多的难民，随着难民们流离失所的时间延长，这些难民本身也越来越穷。世界银行和联合国难民署最近对世界上较富裕的叙利亚难民进行的一项研究发现，叙利亚人的贫困率为60%~70%。[16] 研究指出，“居住在约旦和黎巴嫩的叙利亚难民经历了一次又一次的动乱冲击，致使他们陷入贫困”。

因此，难民危机有以下几个特征：逃离暴力的人数创纪录；流离失所的时间比以往任何时候都要长；集中在少数中低收入国家；在世界贫困人口中所占的比例越来越大。还有一个额外的因素：气候变化也是导致今天难民局势的一部分。

气候难民？

2006年，我被英国首相托尼·布莱尔召见。他正在改组政府，想提拔我。到目前为止，一切都很顺利。我去了他在内阁办公厅旁边的小书房。我们坐在椅子上，唐宁街的一位明星员工—— 一位名叫薇拉的爱尔兰女士，她工作经验丰富，乐意提建议，给我们端上了茶。像往常一样，托尼·布莱尔态度友好并且目标明确：

“我想让你担任环境、食品和农业事务大臣。”这完全出乎我的意料。“可是，我连牛头和牛屁股都分不清啊！”我记得当时我说了这么一句话。他认为我可以学会。更重要的是，我们有责任将我们关于气候变化的言论转化为政策。在这一点上，他是对的。

4 个月后，我们发布了世界上第一个具有法律约束力的长期减排要求草案。草案要求英国在 2050 年之前削减 60% 的碳排放和其他排放（后来修改为 80%），并建立监督、执行机构和机制。这是我最引以为傲的一项立法。

我不是科学家，但我知道，如果 97% 的医生说我有犯心脏病的风险，我会去医院做心脏搭桥手术。这就是我对于气候变化的立场。绝大多数科学家都认同并反复跟我们解释，燃烧碳为何以及如何导致了人为的气候变化，并列举数据表明这样的事正在发生。第二轮效应，如海洋酸化，只会继续增大气候变化的危险。那些否认事实或不关心事实的人的鲁莽、无能、无知和不负责任的行为到了荒唐可笑的程度。

从法律上讲，国际法对难民的定义并不包括因气候变化而穿越国境的人。此外，伊丽莎白·费里斯（Elizabeth Ferris）等研究流离失所问题的专家指出，气候可能是促使人们做出搬迁决定的几个因素之一。[17] 然而，当我与非洲一些流离失所的人交谈时，他们告诉我气候正在发生变化，而且正在影响他们的生活。

阿卜杜拉希·穆罕默德（Abdullahi Mohammed）是一位埃塞俄比亚农民，他告诉我 IRC 的水利项目使他和其他村民过上了更好的生活。我在这个国家东部荒芜炎热的土地上见到了他。他穿着一件 T 恤，外面套了件格子衬衫和五彩长袍，拄着一根拐杖，一瘸一拐的。他 49 岁，比我年轻，但模样看上去快 60 岁了。他告诉我他有 9 个孩子，其中 3 个已经死了。

阿卜杜拉·穆罕默德是当地一个委员会的

主席，该委员会负责管理 IRC 工作人员建造的供水系统。这些工作中比较重要的一项是要对用水收取一定的费用，以确保人们不会浪费水，并可以支付系统维护的费用。他告诉我，祖父告诉过他这片土地的情况，他的土地正在发生变化——变得越来越热、越来越干燥。他解释说，在当前的水利工程建成之前，他和他的牛每天要被迫跋涉 12 个小时取水。生活变得越来越脆弱，谋生变得越来越艰难。

长期干旱趋势、海平面上升和冰川融化（这也带来了对河流流量的影响）对人类活动的影响是显而易见的。但是对于长期的变化我们还缺乏足够的数据，例如，由干旱导致的土地肥力下降，进而对人口流动产生何种影响。我们知道的是，气候变化导致的不仅仅是温度升高，也会引发更多极端天气事件。我们确实有证据证明存在这些影响。

2016 年，世界上有超过 2400 万人因自然灾害在国内流离失所。[18] 86% 是由与天气有关的灾害造成的：洪水、风暴、火灾。其余是由地球物理运动（例如地震）造成的。并不是所有这些灾难都应归咎于气候变化。但有关更极端天气事件危险性的科学研究有力地表明，它们对流离失所者的潜在影响显而易见。

还有一个更大的压力值得考虑：气候变化成为冲突的驱动因素，而冲突又进一步导致人们失去家园。联合国前秘书长潘基文说："尽管有各种社会和政治原因，但达尔富尔冲突归根结底始于一场生态危机，这一危机至少部分是由气候变化引起的。"[19] 他的意思是，苏丹西部达尔富尔地区的冲突一定程度上是一场资源冲突，由于气候变化，资源越来越稀缺。同样，对叙利亚冲突的研究也指出，该国东北部 2008—2012 年的干旱，导致农民和牧民离开土地逃往城市，造成了这个受挫群体对该国政府愤怒情绪的爆发。[20]

最近，20 国集团（20 个最富有的经济体组成的集团）的一份简报得出结论，气候变化可能导致或加剧冲突，这是有道理的。[21] 因此，尽管（目前）可能还没有人被贴上“气候难民”的标签，但气候变化可能会加大人口流动的压力。

难民和移民

关于难民的错误假设，无论错得多么离谱，都有其真实之处。它们反映了另一个世界，即第二次世界大战后的欧洲，当时在这里确立了支撑当前具有人道主义精神的制度的相关法律和规范。

1945 年 5 月二战结束时，无数城市被摧毁，很多政府被推翻，边境被重新划定，数百万士兵和平民丧生，欧洲各地的难民达到了 4000 多万。到 1947 年，在大批难民返回家园之后，仍然有 700 万人住在安置营地里。[22]

显然，世界必须为被动卷入战争的平民确立权利。这一努力始于 1948 年的《世界人权宣言》，该宣言承认人们拥有寻求庇护、免受迫害的权利。1951 年，《关于难民地位的公约》获得批准，确立了难民的法律定义，并成立了一个高级委员会（联合国难民事务高级专员办事处）来关照他们。

该公约将难民定义为由于“有充分依据害怕因种族、宗教、国籍、特定社会团体成员或政治观点而受到迫害，而在其国籍所标明的国境之外的人”。[23] 具有难民属性的人享有的权利，首先是不被强迫返回一个有严重伤害风险的国家（所谓不驱回原则），以及最低限度的待遇标准，例如可以上法庭和接受小学教育的权利。难民地位的裁定将由难民署或负责任国决定。多年来，法院判决和难民署的做法扩大了这一定义。关于难民定义的关键一点是，难民是那些不能安全返回家园的人。

最初的难民公约是临时性的，其有效期延续到当时的难民都返回家园之后，[24]而且其关注的难民仅限于欧洲，这反映出人们对难民问题缺乏远见。直到 1967 年，该公约才对 1951 年制定的难民公约中规定的权利进行了全覆盖。今天，有 148 个国家是该公约的缔约国或 1967 年《关于难民地位的议定书》的缔约国（有 142 个国家同时签署了这两个文件）。[25]

《关于难民地位的公约》中对难民的定义反映了人们的认知与现实之间的另一种不匹配，涉及难民与经济移民之间的关系。经济移民是选择改善生活水平的人。但在许多地区，被迫和自愿离开自己家园之间的区别，以及政治与经济之间的区别都尚不明确。

除了 6500 万被迫流离失所者（难民、寻求庇护者和境内流离失所者），还有 2.2 亿人离开祖国寻求经济或其他方面的改善，有 7.5 亿人由于经济原因在自己的国家内移动。[26]事实上，政治移民和经济移民之间的分界线是模糊的。

2015年，我去了希腊的莱斯沃斯，在驱车前往岛的北部去见从土耳其到达爱琴海的人时，有一股源源不断的人流朝着相反的方向，向40公里外的联合国难民署的接待中心走去，那里面有许多人是叙利亚人，另外一些是阿富汗人。我还遇到了年轻的摩洛哥人和阿尔及利亚人，他们告诉我，他们基本上是出于经济上的动机而移民。虽然有些人一开始是经济移民，但是途中遭到抢劫、殴打，甚至被奴役，这增加了判断他们身份时的复杂性。

"混合移民"（mixed migration）是现代世界的一个特征。"混合移民"包括一些因经济原因以及政治原因逃亡的人。此外，战争、贫困和气候变化也可以共同作用，迫使人们逃离家园。因此，被迫跨越边境的人和自主选择跨越边境的人之间的区别，并不像最初难民公约的制定者所希望的那样整齐划一。

尽管如此，我依然认为努力维持难民定义的清晰性是重要的。难民与自主选择移民的人处境不同，因此，难民应享有的权利也与之不同。

在阿勒颇的家庭遭遇炸弹袭击，女孩们因在尼日利亚东北部求学而面临暴力，宗教少数派因信仰而受到迫害，政治异见者担心自己的生命受到威胁，学生寻求更好的经济机遇，或者有人选择到一个新的国家与表亲团聚以增加改善生活的机会等，这里面的动机都不相同。他们应该享有更大的权利，得到更多的保护，因为他们的生命或身体面临着更严重的威胁。灰色地带不应成为稀释权利的借口。

我们必须捍卫难民地位的完整性和独特性，这样做是因为，总共有 2.45 亿人在跨越国界，如果将逃离战争和迫害的人与那些寻求改善经济状况的人放在一起，就无法认识到他们的特殊需要。将难民和移民的需求混为一谈，对这两个问题的政治解决方案都会带来危险。

面临的挑战

由于冲突或迫害而被迫离开家园的人越来越多，这是当今世界面临的最具挑战性的问题之一。但政策挑战不仅仅在于规模，还关乎它的本质。国际社会正在努力赶上以应对这一新的情况。

难民中有半数的学龄儿童得不到上学的机会；[27]绝大多数难民生活在贫困之中；[28]世界上有一半的不安全堕胎发生在战争和流离失所的情况下。[29]由此可见，需求和援助之间的差距正在扩大。[30]

这一情况本身就很重要。这些生命正因受到虐待或被忽视而遭到摧残。我在过去4年中了解到，虽然人道主义需求是政治危机的产物，但如果人道主义需求得不到满足，会导致政局不稳。换句话说，这里面的因果关系链不仅是执政失败导致人道主义危机，它还朝着相反的方向发展，人道主义行动不足或无效也会导致政局不稳。

过去几年欧洲的政治证明了这一点。叙利亚难民危机被承认是欧洲的问题，但为时已晚。美国未能就移民改革和解决非法移民问题达成一致，并演变成对难民和移民的猛烈攻击。在肯尼亚，选举受到索马里难民安全问题的影响。巴基斯坦已经遣返了 50 万名阿富汗人回到他们的国家，其中许多人是在违背他们意愿的情况下被遣返的，还有许多人是第一次进入阿富汗。约旦国王阿卜杜拉说，他的国家正处于“沸点”状态。[31]

历史告诉我们，在难民问题上，政治和政策从来都不是各自独立的两个问题。最鼓舞人心的进步塑造并反映了国内和国际上的情绪。领导能力真的很重要。例如，富兰克林·罗斯福总统的遗孀埃莉诺·罗斯福对于 1948 年通过的联合国《世界人权宣言》发挥了重要作用。《世界人权宣言》中包括“寻求和享受”免受迫害的庇护的权利。[32] 在制定这样的条款时，也许罗斯福夫人当时正在反思二战期间美国历史上的那段黑暗时期。

1941 年 7 月，成为美国公民 10 个月的爱因斯坦听闻纳粹有一个计划消灭欧洲犹太人的“最终解决方案”。无奈之下，他在纽约州北部萨拉纳克湖的寓所修养时写信给埃莉诺·罗斯福，表达了对她丈夫的政府政策的“深切关注”。他写道，美国国务院建立了一道“官僚措施墙”，据称这是保护美国不受颠覆性危险因素影响的必要措施，使得“在美国为许多对社会有价值的人提供庇护几乎是不可能的，这些人都是欧洲法西斯暴行的受害者”。[33]

爱因斯坦要求第一夫人提醒总统，这是一种“真正严重的不公正”，但他的呼吁收效甚微。那些偏执的人认为如果难民被允许进入美国，会攻击他们的接纳国，为其敌人继续开展间谍活动。接下来的一年，约 270 万犹太人在欧洲惨遭屠杀，几乎占大屠杀中犹太受害者的一半，然而这也未能消除上述偏见。在美国应对难民的过程中，1942 年纳粹对犹太人的大屠杀——同时期，美国经历了经济萧条、打击轴心国的战争、民众和政治仇外情绪的压力——也没有促使美国对难民困境有所回应。61%的美国人甚至不想让一万名难民儿童进入美国。[34] 直到 1944 年初，也就是盟军取得胜利的前一年，美国对难民设置的“隔离墙”基本上都还没有被拆除。

因此，这场危机不仅是一场政策危机，也是一场政治危机。时至今日，情况依然如此。我们大家都有义务决定我们在解决这一难民危机时应该承担哪些责任。简而言之，这和我们有什么关系?

· · 第二章

我们为何应该关心难民

人们头脑中无形的墙有时比混凝土砖砌成的墙更顽固持久。

——维利·勃兰特，1957—1966 年任柏林市长，1969—1974 年任联邦德国总理

要对陌生人关爱有加，这条训诫和《圣经》一样古老。因此，教皇方济各成为全球流离失所者最坚定、最热情、最有效的倡导者，这是再合适不过的。2013 年，他前往意大利海岸外的兰

佩杜萨岛，呼吁将忽视难民作为“冷漠全球化”的证据——这是一个令人难忘的绝妙说法，挑战着我们所有人。2015 年，他在美国国会就难民危机发表声明称，“我们不能被他们的庞大数量吓倒，而是要把他们当作人，看着他们的脸，听他们的故事……我们现在需要批判一个说法：如果有些东西被证明充满麻烦，那就躲开。”[1] 2016 年，在访问希腊莱斯沃斯岛上的摩瑞亚难民营时，他带回了三个家庭的 12 名叙利亚难民，其中包括 6 名儿童，将他们安置在罗马。[2]

教皇并不是唯一为此事业努力的宗教领袖。坎特伯雷大主教贾斯汀·韦尔比在谈到难民危机时说：“作为基督徒，我们相信我们的使命是听从召唤去冲破障碍，欢迎陌生人，像爱自己一样爱他们，在今天的世界上寻求上帝的和平与正义。”[3] 埃德·斯坦泽在福音派惠顿学院担任葛培理教席，他说：“上帝的子民应该是第一批向难民张开双臂的人。”[4]

英国前首席拉比乔纳森·萨克斯指出了一个事实，那就是宗教能将一个群体内的人团结起来，但是宗教不一定能超越群体界限继续发挥作用。他写道："与集体伦理相反，人道主义需要人进行一项最难的思考练习：换位思考——把自己放在那些你鄙视、同情或根本不理解的人的位置上。"[5]萨克斯认为这是《创世记》叙事的激进主义：那些在圣约之外的人也是受到佑护的，也必须得到爱的恩典。他写道："立约的百姓必在家里作客旅，使外邦人有宾至如归的感觉。只有这样，他们才能打败最强大的邪恶驱力：被另一种驱力威胁的感觉，一种不像自我的驱力。"

杜克大学伊斯兰研究中心主任奥米德·萨菲博士写道："……《古兰经》告诉我们要善待陌生人和难民，因为我们自己曾经都是陌生人。"[6]

这些承诺和道德声明坚决反对各种各样的诋毁和虐待。但为了支持难民，你并不非得是宗教人士，我本人就不是。

价值观和品格

我小时候听过的一个家庭故事，对我来说既是一种挑战，也是一种灵感：说它是挑战，因为它让我思考在类似的情况下我会怎么做；说它是灵感，因为它揭示了人性中最好的一面。

1942 年，当我的祖母和姑妈住在布鲁塞尔时，她们接到了占领国德国当局的传票，要求他们登记，地点定在布鲁塞尔主要的火车站。我的祖母立刻觉得不对劲，当然她也害怕被送往集中营。虽然她的一些朋友和亲戚告诉她，拒绝服从命令是危险的，但她觉得按照命令去做要危险得多。

于是，她收拾好行李，带着我的姑妈去了布鲁塞尔南部的一个小村庄，之前她曾在那里度假。她来到当地一位天主教农民莫里斯先生的家里，请求他收留她们。莫里斯冒着巨大风险，把这两个陌生人藏了起来，直到战争结束。如果他的秘密被发现，他可能会被当场枪毙。特别值得一提的是，到战争结束时，还有另外 17 名犹太人也躲在他的村庄里。

十几岁的时候，我让姑妈带我去探望他。在我的记忆中，那个农舍位于村庄的边缘，周围环绕着田野和古树。姑妈为莫里斯先生感到骄傲，她几乎是他的另一个女儿，我也深深理解这种感情。那时他已经 70 多岁了，白发稀疏，穿着得体。所幸他说的法语又柔又慢，即使我的法语只是中学水平，也能听懂他说的话。

我们谈到了家庭、回忆和希望，但有件事我想知道，我担心这个问题太幼稚，甚至可能有些无礼，但我又特别想知道：他当时为什么要这么做？他为什么要为我的家人冒如此巨大的风险？他的回答使我终生难忘。他说："是人都该这么做。"这是必须的、天经地义的。那是一种与生俱来的品质，向身陷困境的人伸出援手是他天性的一部分。

人们常说慈善应该从自己的家中开始，我理

解那种感觉。但是，这并不意味着慈善也应该在家中结束。如果将你不认识的人定义为你的兄弟姐妹，那么你就对人类责任和亲属关系给出了一种定义；然而如果你将不认识的人定义为“他人”，你就走上了另一条不同的也更加没有人情味的道路。

人类最基本的两种价值观是同理心和表亲利他主义（cousin altruism），缺乏其中任何一条都不足以谈人性。对他人产生同理心的唯一原因应该是他们也是人，而不应去考虑他们的种族、宗教或政治，这是文明的基本要素。正如我们会赞赏那些做大事的人、鄙视那些做坏事的人一样，我们也同情那些需要帮助的人，或者说我们应该这样做。事实上，最新研究表明，看到别人身处痛苦时，会触发和我们自己身处痛苦时相同的大脑区域的神经反应。这就意味着，我们对他人痛苦做出的反应能够衡量出我们是否达到了体内的基因对于我们的期待，即是否符合“人性本善”

的标准。对素不相识的人表示同情，把这种同情转化为行动，我们就能实现人类最基本的价值；如果没能做到这一点，则表明我们根本没有道德标准。

在 1986 年诺贝尔和平奖的演讲中，大屠杀幸存者埃利·威塞尔（Elie Wiesel）进一步阐述了这一观点，他说，政治压迫的受害者取决于我们如何利用我们的自由为他们带来改变。他们需要我们利用我们的自由和力量为他们发声，为他们行动起来。但他补充说："我们的自由的质量取决于他们的自由。"换句话说，他人的苦难会削弱甚至剥夺我们自身的自由。这体现了约翰·邓恩（John Donne）的诗句"没有人是一座孤岛"的内涵。他人的受难意味着我们的失败。

尤其是当他人的需要是由外部环境的不可抗力导致的，而不是因为个人做得不够时，我们更应提供帮助。根据法律定义，难民需要救助并不是因为他们自己的过错，他们是迫害或战争的受害者。

至于我们为何会忽视他们的困境，有个老生常谈的借口，那就是我们不知道在世界的另一边发生了什么。因为我们并不知情，所以我们对他们的苦难不负有责任。正是基于这样的理由，美国人在 20 世纪 30 年代和 40 年代初把欧洲犹太人拒之门外，结果，许多本可以获救的人遭到了杀害。

难民是个棘手的问题。他们来自不同的国家，所以他们是陌生人，而不是邻居。然而我们在今天比历史上任何时候都更加了解战争受害者。面对那些逃离叙利亚阿勒颇、南苏丹尼亚尔或缅甸若开邦的人，“不知情”无法成为我们的借口。因为今天，我们随时都可以翻阅资料了解他们的困境。

正因为难民问题很棘手，所以对我们来说是一个很好的考验。我们的反应就可以表明我们的行为是否符合人类最基本的价值观。对我来说，这就是解决难民危机的充分理由。但这不可能是故事的结局。

从历史、财富、权力和价值观方面看，西方国家更有着帮助难民和流离失所者义不容辞的责任。1979 年，时任美国卫生、教育和福利部长的约瑟夫·卡利法诺向国会发表证词时雄辩地指出了这一点。国会当时正在考虑立法将 1951 年通过的《关于难民地位的公约》和 1967 年通过的《关于难民地位的议定书》的内容纳入国内法。卡利法诺说："在我们的国家生活中，很少有这样的时刻……我们对政治问题的选择，反映了我们作为一个国家的真实面貌……。在美国寻求庇护的难民正带给我们这样一个难得的时刻。通过我们在这个问题上的选择，我们将向世界，更重要的是向我们自己，展示我们是否真正地按照我们的理想生活，还是仅仅把理想刻在纪念碑上。"[7]

这种道义上的召唤正是解决难民危机的核心

所在。它适用于所有国家和文化。但这也要求我们对美国的历史和责任有一个特别的理解。毫无疑问，难民危机是一场全球性危机，需要世界各国做出回应。但我同时也相信，出于其历史、价值观和利益，西方国家更有责任身先士卒，带头做出回应。

历史与“西方”

我立刻意识到，单一的“西方”或“西方世界”这个概念是有问题的，它忽略了南北差异。这听起来像是排外主义或白人至上主义，或是专横跋扈和自我吹嘘。

在我与俄罗斯外长谢尔盖·拉夫罗夫的谈话中，正是这种观点让这位长期担任这一职务、极其聪明、态度强硬的俄罗斯外长兴奋不已。在我担任英国外交大臣的第一周，俄英关系恶化，俄罗斯人拒绝合作，不同意将在伦敦杀害亚历山大·利特维年科（Alexander Litvinenko）的凶手绳之以法，问题变得很难处理。作为报复，我不得不将 8 名俄罗斯外交官驱逐出伦敦。我们试图在不断绝整个外交关系的前提下严肃地提出我们的诉求。俄罗斯人也做出了同样的回应，将 8 名英国外交官驱逐出莫斯科。

对拉夫罗夫来说，西方的外交政策没有任何诚信可言，因为在他看来，这些政策都是建立在模棱两可的自欺欺人的基础上。当我就 2008 年俄罗斯对格鲁吉亚的做法对他提出质疑时，他就跟我提伊拉克战争（还在电话里大喊格鲁吉亚的总统是个“该死的疯子”）。当我跟他就 2009 年斯里兰卡政府轰炸贾夫纳半岛一事进行争论时，他提醒我，他担任外交官之后，第一个驻地就是斯里兰卡，而且能说一口流利的僧伽罗语。

西方国家不应该以自己的道德操守为荣；我们犯过许多错误并且需要为此道歉，但对我来说，西方作为一个政治实体的概念也具有鼓舞人心且具包容性的历史和意义。

1941年有一个重要的日子，在这一天罗斯福总统和温斯顿·丘吉尔首相在纽芬兰签署了《大西洋宪章》。美国在接下来的4个月内还没有正式参战（尽管人们越来越相信它会参战），但这次会议却对战后和平进行了规划。

德国前外交部部长菲舍尔将《大西洋宪章》比喻为西方的"出生证明"。[8]该宪章刻意避开了盟国因战争而获得的领土这一话题。事实上，在承诺国家自治、民族自决的同时，它还预示着非洲和其他地方的广泛非殖民化。但《大西洋宪章》最重要的一点是强调在国际法和相互尊重的基础上，建立一个相互依存、相互合作的战后世界，并致力于维持这样一个想法：秩序和正义建立在一个牢固的价值体系基础之上，而这个价值体系不专属于任何一个人，而是所有人与生俱来的权利。令人振奋的深刻见解是，世界不能重蹈第一次世界大战后治标不治本并且指望通过惩罚维持和平的覆辙，世界上最富有和最强大的国家应该责无旁贷地引领世界建立一个稳定、合法的全球化体系。

作家兼历史学家伊恩·布鲁马（Ian Buruma）总结了《大西洋宪章》的意义："1941 年丘吉尔和罗斯福起草的《大西洋宪章》里的措辞在饱经战争蹂躏的欧洲引起了共鸣：贸易壁垒将降低，人民将获得自由，社会福利将提高，全球合作将随之而来。丘吉尔称这部宪章'不是法律，而是一颗明星'。"[9]

《大西洋宪章》孕育了战后世界的政治、经济机构和标准规范：成立了联合国、国际货币基金组织、世界银行、关税及贸易总协定（世界贸易组织的前身）。事实上，《联合国宪章》是以《大西洋宪章》的原则为基础的。

至关重要的是，各国不仅承诺建立新的机构，而且还完善了相应的法律和实际行动，这种法律和做法具体体现在《世界人权宣言》、《国际人道主义法》和《关于难民地位的公约》中。

几个世纪以来，难民的数量没有得到统计，难民这个群体也未获重视，他们被视为全球权力竞争的不幸附属品。但是在第二次世界大战后，难民和他们的权利终于在法律上得到承认。当前的国际难民保护制度是西方世界在二战后制定的，每个西方民主国家都签署通过了这一制度，并最终超越了西方的地理界限，成为世界范围内的人权宣言，体现了全球建立难民保护标准的普遍愿望。

因此，当谈到对难民危机的反应时，我们有充分的理由纪念这段历史，正是这段历史引导西方国家建立了一种可以为战争受害者提供保护的全球秩序。第二次世界大战后，难民们来之不易的权益代表着西方国家道德领导力的一个高峰，因此应该得到认可和庆祝。如果抛弃对难民的保护，我们也就抛弃了自己作为全球领导者的历史。

这还不是全部。联合国的机构和法律将各个

国家团结在一起，包括资本主义国家和社会主义国家。但是，西方民主国家提出了一项独特主张：每个人在思想、宗教和良知方面的自由构成了最基本的人权，这种人权应在全世界都得到尊重。这一承诺在我们对待难民方面经受住了考验。

民主与多元化

在过去的二十年中涌现出的民族主义、民粹主义运动，如英国的独立党、法国的国民阵线和美国的茶党，都把目标对准了战后秩序的机构、规范和价值观。他们认为，基于自由贸易的经济交易是不公平的，国际政治机构是不民主的，但他们的追随者最愤怒的情绪针对的却是难民和移民，尤其是对穆斯林充满了敌意。

他们的情绪是报复性的、妖魔化的和非人性化的。特朗普总统称叙利亚难民是“最大的特洛伊木马之一”，[10] 玛丽娜·勒庞谈起穆斯林时说他们"占领"了法国，[11] 荷兰的吉尔特·威尔德斯谈到过伊斯兰"入侵"欧洲的问题。[12]

这与两百多年前乔治·华盛顿的宣言大相径庭——"美国敞开胸怀，不仅接纳富有和受人尊敬的陌生人，也接纳所有受民族和宗教压迫和迫害的人。"[13] 对于为自由而逃亡的难民来说，西方国家一直是希望的源泉和避风港。当他们因为自己的政治观点或宗教信仰而受到本国政府迫害时，他们就会向西方国家寻求庇护。从定义上说，西方国家就是通过为那些逃离本国社会的人提供安全保障才帮助定义了自己在世界上的地位。在那些社会里，多元化被视为对国家的一种威胁，而不是社会的一个特征。这样做并没有让我们显得像是傻瓜；我们展示了自己的力量，而不是弱点。

当西方国家接纳难民，让其在其境内开始新生活时，他们就用实际行动维护了一系列信仰，包括个人尊严不仅重要，甚至神圣不可侵犯，以及社会多元化的重要性等。在冷战期间，欢迎来自铁幕后的难民是对苏联的一种批判。保护缅甸难民阐明了一点，即对少数民族的歧视是不可接受的。为叙利亚难民提供庇护意味着对该国内战的谴责。

世界上很多国家的人都曾以政治或宗教为由在西方寻求保护，如果不接收他们，我们就违背了自己国家赖以为继的价值观，并告诉世界我们缺乏立场。这等于是我们对那些生活在压迫中的人说，你们只能靠自己。

特朗普政府在 2017 年 1 月发布的限制移民和难民进入美国的行政命令中，提出优先批准基督教难民的难民身份，这也是这一提议特别遭人诟病的一个原因。它违背了事实，因为遭到任何团体的宗教迫害，都已经具备了申请难民身份的理由。这一行政命令把宗教迫害置于政治迫害之上，而西方历史的所有教训都告诉我们，最重要的是保护所有受迫害的人，而不去管他们因何种原因遭受迫害；还有就是不管他们的宗教信仰或国家政治体制是什么，都要维护他们自己做选择的权利。

无论种族、宗教、性别或性取向如何，是否拥有个人自由和书写自己命运的能力是区分自由社会与独裁专治的核心概念。当自由社会放弃为饱受独裁专制的人提供避风港的承诺时，它们就会向相对主义妥协，这种相对主义不仅有损尊严，而且是危险的。

外交政策：你打破它，就要试图修补它

对难民的支持不仅关乎崇高的理想和全球领导力。在这场危机中，各国面临的复杂挑战之一是围绕责任而产生的。是否以及如何支持难民的问题在于，各国是否准备好了去应对其外交政策失误的后果。例如，在美国，数量最多的难民就是所谓的越南船民，而美国在越南战争中扮演的角色是这个国家决定给予他们庇护的原因之一。

我认为，把世界上所有的问题都归咎于西方是错误的，甚至是危险的。比如，尼日利亚东北部发生的国内民众流离失所的危机，就不是西方国家造成的。将每一个全球性问题都归罪于西方资本主义，只会使我们无法集中精力采取行动解决问题，并且在西方真正应该受到指责的时候又削弱了说服力。

但是，当代的难民危机确实更直接地反映了西方外交政策是始作俑者，最明显的例证就是最近在阿富汗和伊拉克所发生的一切，我对这两起事件都有切身体会。

“9 · 11”事件发生时，我刚刚成为英国议会议员。那天早上，我在离选区不远的纽卡斯尔发表了一篇关于英格兰东北部制造业的演讲。下午 1:30 左右（纽约时间上午 8:30），英国广播公司当地午间新闻时段有档节目准备讨论我的演讲，我非常高兴。当我最终坐上出租车回到南希尔兹时，司机告诉我，有消息称美国发生了“大动静”。

当事件的各种细节开始逐渐明了时，我去了我的一名员工家里看了电视上的简短报道。和其他人一样，那天发生的一切与我此前见过和知道的完全不同。我心里禁不住尝试猜测可能的幕后策划者。爱尔兰共和军吗？不，这次有所不同。我为死者、伤者和他们的家人感到难过，也为即将到来的清算感到恐惧。

政治人物通常巧舌如簧、能思善辩，然而当我参加下议院的紧急会议时，我记得议员茶水间里一片寂静。有人在悄声细语地交谈，但没有往常的那种喧哗。

在袭击事件发生后，我支持政府向塔利班宣战的决定，并且确保阻止阿富汗被基地组织用来作为恐怖袭击的基地。我没有去过或研究过阿富汗，但我认为除了努力收复“失地”，我们别无选择。到 2005 年，我刚刚被任命为内阁成员，此时有人首次提出将军事行动扩大到阿富汗的赫尔曼德省。

“内战没有军事解决办法，只有政治解决办法。”这句话已经成为陈词滥调，只因为它是正确的。我第一次在巴格达见到戴维·彼得雷乌斯将军时，他告诉我：“我们无法通过杀戮来解决这个问题。”

这并不意味着永远不需要军事力量。有时需要军事努力才能使政治进步成为可能，但如果不把政治解决设定为目标，军事努力就没有重点。在阿富汗，政治解决需要两个要素。其中一个要素是阿富汗的内部问题：需要让阿富汗所有地区都在其令人难以置信的多样化中彼此适应、和谐共处。2001 年的波恩和平协议没有做到这一点，而且一直延续至现在。第二个要素是区域性的：涉及阿富汗问题的所有国家，长期以来一直将其视为更大博弈中的一枚棋子，而它们培植的代理人是阿富汗国内的主要对手。

我可以坦诚地说，作为外交大臣，我在国际

上带头提出了这一观点。[14] 我认为这个观点对于今天也是有意义的，不仅在阿富汗，而且在更广泛的范围内都是如此。但我也可以同样诚实地说，我没有赢得这场辩论。多国的军方希望在谈判之前对塔利班施加更大压力。政治人物不想被贴上对恐怖主义软弱的标签。今天，西方关于如何在阿富汗实现可持续发展的观点乏善可陈，你也可以看到这一点造成的后果。事实上，美国国务院的阿富汗巴基斯坦特别小组显然已经完成使命并撤销，其政策责任移交给了国防部。

跟最新的恐怖主义计划和组织玩“打鼹鼠”游戏似乎很诱人，但最终是徒劳的。它没有触及问题的根源。这就是特朗普政府新政策的危险所在。尽管大多数阿富汗难民在 1980 年苏联入侵后就已经被迫背井离乡，但他们持续流离失所的境况反映出他们未能获得足够的政治支持以平息内战。为此付出代价的是无辜平民。

伊拉克也有类似的教训。在 2003 年英国决定参加伊拉克战争时，我是教育大臣，我投票支持政府参战的决定。我之所以支持，是因为我读过报道称伊拉克未能遵守联合国决议条款，由此导致了 1991 年的海湾战争；而且我对我的政府忠心耿耿、一片赤诚，我也相信首相和高层决策者是英明的。但我对风险的评估是错误的，因此我的投票也是错误的，尤其是后来在伊拉克并没有发现大规模杀伤性武器，而这正是当初入侵伊拉克的最大理由。这是我们和我所在政府犯的最大的错误。事实证明，入侵伊拉克的决定是一个影响深远的错误，许多伊拉克人仍在为此付出代价。

的确，伊拉克战争是一个典型的“打赢了战争，失去了和平”的例子，因为赢得战争相对容易，而战后政府的治理却是问题重重。美国做出的如何管理伊拉克这个国家的决定引发并加剧了很多问题，而且严重程度超乎想象。从这个意义上说，情况本可以有所不同——发动战争的那个决定并不一定就决定了伊拉克人会遭受他们现在遭受的所有苦难。但这还不是全部。发动战争的决定本身就是一个战略失误，因为它没有充分考虑到各个因素，比如对伊朗在该地区势力的影响。这也是一个军事错误，因为这项计划忽视了对阿富汗战争的影响。阿富汗战争当时还没有完成，而且现在仍在继续。

并非所有的伊拉克问题都源于推翻萨达姆·侯赛因的决定。他是一个凶残的独裁者，制造了太多的问题。在库尔德地区，他曾恶毒地镇压那里的居民，如今那里很安全。当你访问埃尔比勒或苏莱曼尼亚地区时，你会看到希望。但是，如果不把入侵考虑在内的话，是无法解释清楚这个国家面临的任何一个危机的。这些危机包括在伊拉克全国各地都有人流离失所，现在已经变成大规模的人口流动现象，就在我写这些话的时候，国际红十字会的工作人员还在致力于解决这个问题。当然，当我访问伊拉克并讨论它的情况时，我也会想到历史。回首历史，除了遗憾，别无他物。

工党政府在外交政策上取得了巨大的成就——从大规模增加海外援助，到欧盟东扩纳入中欧国家，再到对塞拉利昂和科索沃的人道主义干预。但是，伊拉克战争不仅让无数人丧生，也毒害了英国中左翼派政治。类似伊拉克的遗留问题也笼罩着叙利亚可怕的旷日持久的内战，而“不要成为另一个伊拉克”成了英国政策的紧箍咒。所以——是的，我对这场战争的遗留问题感到沮丧和震惊。

我知道人道主义政策不能弥补外交政策的失误。但当这种情况发生时，人道主义政策提供了一种减轻后果严重性的方法。自主权在有关国家，但伸出援手是我们的责任。

互联世界的安全

关于西方应该带头对难民危机做出全球性回应这一点，还有最后一部分的论证。关心难民和流离失所者不是道义或历史问题，而是务实的战略问题。

首先，世界的联系比以往任何时候都更加紧密。这意味着，世界某一地区的不稳定会波及到世界各地，造成新的不稳定。由于无人关心的人道主义危机加剧了不稳定因素，因此既要从根源深处解决导致难民潮的原因，又要处理其表面问题，这具有战略意义。

例如，解决尼日利亚东北部的流离失所危机具有战略意义的原因是：博科圣地与“伊斯兰国”有关联；作为非洲最大经济体，尼日利亚失去稳定正在损害整个非洲大陆；尼日利亚东北部的不稳定和无政府管理的真空地带影响了整个乍得湖盆地；而且这种不稳定还导致大量难民涌向欧洲。

第二个因素更具体，更有争议，也更复杂。这个因素是关于西方和伊斯兰世界之间的关系。事实上，世界上大约 60% 的难民和寻求庇护者来自伊斯兰国家，他们正在逃离伊斯兰世界。[15]这个话题谈论起来可不容易，很容易失策和犯错。但事实就摆在那里。

叙利亚危机的各个层面暴露出伊斯兰世界内部在权力行使、宗教信仰、地区和国际联盟以及与更广泛世界的接触等问题上存在严重分歧。非国家恐怖主义活动日益增加的流动性、灵活性和冷酷性加剧了这一切，这些恐怖活动利用全球化的开放性和一体化来威胁那些他们认为是敌人的人。

当然，阿富汗不同于叙利亚，而且两者都与缅甸和中非共和国截然不同。在阿富汗，穆斯林族群遭受迫害。但是，伊斯兰世界内部分地区的动荡，以及世界其他地区对穆斯林的袭击，是难民危机及其应对的一个关键组成部分。

2005 年 7 月，我参加了一个内阁会议，那时我是社区与地方政府事务大臣。当时气氛十分活跃，因为伦敦在前一天刚刚赢得了 2012 年奥运会的主办权。但在会议快结束时，气氛发生了变化。交通大臣被叫去接电话。会议结束后，内政大臣被要求留下来。我们随后得知恐怖分子袭击了伦敦交通网络，造成 52 人死亡，700 多人受伤。

这些袭击引发了有关情报获取和共享以及穆斯林族群有效融合等根本性问题。随后发生在欧洲本土的恐怖主义袭击也只是进一步强化了这些观点。

后来，作为外交大臣，我负责英国的全球情报机构军情六处（MI6）和信号情报中心英国政府通信总部（GCHQ）的工作，因此拦截和扰乱恐怖分子的计划、了解恐怖分子的思维模式成了我每天都要关注的问题。我花了很多时间思考如何打击国际恐怖主义。要反驳圣战分子的论点，即他们是唯一能够充分捍卫穆斯林群体利益和荣誉的人，最好的办法是什么?

近年来可怕的恐怖主义袭击，尽管主要是“本土制造的”，但也给西方社会提出了根本性的问题：有可能在开放的同时又保证安全吗？多元主义何时变成分裂，分裂导致异化，异化又转化为暴力的？应对恐怖袭击，降低未来发生恐怖袭击可能性的最好办法又是什么？

从这两项工作中，我学到了一条教训：那些以保持伊斯兰教纯洁性的名义指挥恐怖袭击的人，其行动方式是战略性的，因此，回应也必须从战略的高度入手。

正如学者彼得·诺伊曼（Peter Neumann）所解释的那样，我们的出发点是要理解伊斯兰组织的“圣战主义”，即便它有基地组织这样的名字，或者像“伊斯兰国”的“哈里发国”，它都是一场运动，而不仅仅是一个组织。[16] 它是一种基于神学和意识形态的思维方式，而不仅仅是组织恐怖活动的指挥机构。

对这些恐怖组织的领导者来说，尝试理解战术与战略之间的联系是非常重要的。他们试图进行的野蛮屠杀本身就是一种目的，但也是达到更大目的的一种手段，即挑起或进一步激发那些致力于圣战的人与其敌人（包括西方和伊斯兰国家）之间决定性的、涉及多代人的冲突。因此，领导人的死亡及其组织的毁灭并不意味着他们的诉求被彻底击败。这就是为什么评论家们会提到如 3.0（和 4.0）的危险——思想和行动的进一步迭代，会比以前更加极端，即使“伊斯兰国”在其伊拉克和叙利亚的堡垒中已经被击败了。

这些人在西方的某些行动和言论中为他们的狂热寻找借口。例如，英国前国家安全顾问迈克尔·弗林声称：“害怕穆斯林是合情合理的。”[17] 在这个过程中，他证实了“圣战分子”的核心主张：宗教分裂和冲突是不可避免的。

在我看来，认为我们的世界注定要发生“文明的冲突”的观点是错误的，“文明的冲突”是塞缪尔·亨廷顿（Samuel Huntington）1996年出版的一本重要著作的名字。其之所以错误，部分原因是，以伊斯兰教为名义的暴力"圣战主义"是伊斯兰内部冲突的一个表现，而不是伊斯兰教与西方之间冲突的表现。

在以伊斯兰教的名义策划的骇人听闻的袭击中，大多数受害者实际上是穆斯林，这一点无论怎样重复也不为过。2017年5月，美国总统特朗普在沙特阿拉伯的演讲中承认了这一点。与基督徒或犹太人相比，被"圣战分子"暴力杀害的更多的是穆斯林，因为伊斯兰世界内部存在一种身份冲突，存在一场净化与多元化的斗争。

正如巴基斯坦作家艾哈迈德·拉希德（Ahmed Rashid）所说："这首先是一场伊斯兰内部的战争——逊尼派与什叶派之间的冲突，也是逊尼派的极端分子与温和派之间的战争。"[18] 英国伊斯兰教徒埃德·侯赛因（Ed Husain）从宗教极端主义者变为反极端主义者，他用直白的语言解释了这种分歧:“‘伊斯兰国’、基地组织和其他圣战恐怖分子信奉的是一种文字主义、愤怒、激进主义和政治控制的伊斯兰教。现在和整个历史上，大多数伊斯兰教徒都信奉一种沉思、虔诚和内心善良的伊斯兰教。”[19]

在一个相互联系的世界里，那些主张在伊斯兰世界内部和外部都应和谐共存、保护多元主义的人，他们的胜利与所有国家都利害攸关。[20]西方国家应该尽一切可能赋予绝大多数伊斯兰民众选举权，赋予他们权利，支持他们反对激进分子在他们中间煽动仇恨。帮助伊斯兰难民，既向收容他们的国家提供援助，又欢迎脆弱的和经过审查的难民来到我们自己的国度，这本身不仅是一件正确的事，还在更广泛的努力中发挥了作用。

为打击暴力“圣战主义”做出的战略努力，并不会将伊斯兰难民与恐怖分子混为一谈。事实上，这一战略意识到打击伊斯兰难民恰恰会破坏反恐斗争。例如，美国前中央情报局局长迈克尔·海登曾写过特朗普总统对难民的行政命令使招募特工变得更加困难，因为“人们会很自然地想到颁布行政命令的这种行为和宣扬仇恨、反伊斯兰运动的说辞如出一辙”，这场运动“反过来又破坏了安全合作所依赖的相互尊重”。[21]

因此，当我说难民危机并不只是他们的问题，也与我们有关时，我的意思是，它还涉及个人品格和外交政策的基本问题。人道主义事业建立在战争受害者的道德诉求之上，以及我们对他们的同情和利他主义的考虑上。但我们不应害怕这种战略上的争论。这也关系到各国的利益。被忽略的人道主义危机是政治不稳定的导火索。我们应该用我们的头脑和心灵致力于控制和解决这一问题。

··　第三章

重新设计救援体系

卡库马

1. 肯尼亚北部图尔卡纳省的难民营。

2. 译自当地方言：无处可去。

相比于如何照顾难民，为什么要照顾难民的问题其实很简单。而应对这一挑战的答案需要彻底重新设计。只是让人活下去（即挽救生命）是不够的，我们需要在改变难民生活方面做得更好。

有人问我，在一个每天都要见证如此深重的人类苦难的行业工作是否令人沮丧，我通常会引用一位曾在刚果（金）待过的电影制作人的话：“如果只看统计数据，你会感到沮丧，但如果看一看那里的人，你会发现希望。”

倡导变革是困难的，因为人道主义援助工作在许多方面确实表现卓越。非政府组织和联合国工作人员在令人难以想象的艰难的环境中工作，拯救生命，教育儿童，帮助妇女从暴力中解脱，帮助人们找到工作。他们做这一切的时候冒的风险越来越大，因为战争法提供的保护越来越少，而在执行任务时被杀害的援助工作者的人数在不断上升。

我的同事们做着平凡普通却又鼓舞人心、令人惊叹的工作。在前线，他们是不屈不挠干实事的人。当叙利亚人民受到毒气杀害时，得到国际红十字会赞助的医院治疗了部分受害者，国际红十字会的救护车司机把其他受害者送到了多家医院接受医疗护理；当南苏丹发生饥荒时，一个紧急救援小组被部署到最偏远的地区，提供综合医疗和营养支持。他们是真正的英雄。

2016年，有更多的生命得到拯救，更多的人得到帮助。救助数量之多是前所未有的，仅国际红十字会就救助了2600万人。投入资金也比以往任何时候都多——总额超过了270亿美元。然而，对救助的需求与实际能提供的救助之间的差距仍在不断扩大。

一个解决办法是投入更多的资金。钱真的很重要。联合国往往只能得到所需资金的一半或1/4。2016年，联合国的一个特别小组报告称，总体资金需要增加40%。

在这方面，英国的态度有了积极的转变。1997年的工党宣言承诺，将兑现英国长期以来未能履行的承诺，即将援助支出提高到联合国设定的占国民收入0.7%的目标。一直以来，英国都在减少援助支出，但现在决定增加该支出，而且要在援助支出与军事和贸易利益之间划清界限。当我在宣言中写下这一承诺时，我无法想象20年后我会向美国公众说明，不但0.7%的承诺已经实现，而且难得的是英国各党派都在这个问题上达成了共识。这些资源拯救了无数人的生命。2011—2015年，这笔资金被用来为1300万人提供紧急食品援助，为6700万名儿童进行免疫接种，为3000万5岁以下儿童和孕妇提供必不可少的营养，帮助6900万人摆脱贫困，并支持1100万名儿童接受教育。[1] 谁说政府不能有所作为？我们需要看到世界各地更多的政府做出这样的承诺。

但这不只是总开支的问题，它还涉及优先顺序、思维定式和组织问题。这些都需要改变，以跟上一线不断变化的现实。对难民和流离失所者来说，最有可能发生在他们身上的不是重回家园，而是再次流离失所，最有可能住在城市而不是难民营，而且大多数难民都在18岁以下。人道主义援助必须做出改变以适应新形势下的迫切需求。

想想如果你和我是难民的话，需要什么。当然，我们需要维持生活的基本条件，比如水、卫生设施和医疗保健。但是今天，教育、工作和自食其力几乎同样重要。我们迫切渴望有一种代入感，希望我们的行为能够影响我们的生活道路，希望我们是可见的，是有自身权利的独立个体，而不仅仅是需要别人解决的一个麻烦。

很大一部分的人道主义努力仍然带着二战后的人道主义行动的特点，即只关注短期生存。生存下来的迫切需要和创造美好生活的愿望之间的这种不平衡导致了难民营的建立。最初，人们认为难民营是临时的，但最后却变成了永久性的。就像肯尼亚的卡库马（Kakuma）一样，让人感觉“无处可去”。捐助国政府拥有决定权，而流离失所者毫无权利可言。这种权利的失衡意味着议会或国会可以代表自己发声，而卡库马的难民几乎没有发言权。责任制本应该向下流向基层需要帮助的人，实际上却从他们那里流走，向上流向拥有决策权的捐助者。

当我一次又一次实地考察时，我听到的都是同样的话：关于决策权，关于经济独立，关于孩子和他们的未来，关于女性受到的威胁。人道主义部门可以而且应该针对难民的需求做出回应。

给我钱，让我自己做决定

这应该是显而易见的：难民和流离失所者最需要的是——钱。然而今天，尽管全球市场的影响日益扩大，但只有 6% 的人道主义援助支出是以现金的形式提供的。无论是在难民营还是在城市，都得购买生活必需品，但流离失所的人没有钱购买。

应该将钱以代金券、借记卡或其他安全的电子货币的形式交到流离失所者手中，让他们有权支配使用，而不是由捐助者或援助机构替他们决定需要什么和想要什么，他们可以自己决定。把钱直接给那些需要的人，他们就能够自行解决他们所面临的特殊问题。

简而言之，除了成功维持长久的和平之外，将人道主义总预算中的更多资金以现金形式发放下去是一种好的做法，没有什么比这种做法更能对流离失所者的生活产生更大影响。正是基于此认识，我们在 2020 年前尝试着将国际红十字会国际援助资金的 25% 以现金形式发放出去（目前的比例是 16%），这将是一场为难民和流离失所者谋福利的权力革命。这对他们所在地方的经济来说也是一个巨大的福音。“为什么不使用现金进行援助？”这应该是任何人道主义局势下的第一个问题。

来自伊拉克萨拉赫丁省巴吉市的一个家庭故事，让人们认识到现金支付改变人道主义援助的力量。这个家庭包括一些身体和精神有严重残疾的人，我在基尔库克拜访了他们。基尔库克市现在已分裂为库尔德人区域和逊尼派区域两部分，许多因伊拉克冲突而流离失所的人都在此生活。

他们最近搬进了一栋公寓楼，我在一楼的公寓遇见了他们。那是一个凉爽的 2 月天，天空是蓝色的，但正值日落时分，冷飕飕的风从敞开的窗户吹进来。房间里没有窗帘，也没有家具。可以预料到夜里会很冷。

我们坐在床垫上。两个 20 多岁的年轻人（他们是一起逃难的大家族的成员）坐在一起，眼睛直直地盯着前方，一言不发（由于创伤或其他疾病造成的）。这个家庭的一家之主是个残疾人，他的下肢严重残疾，动作却毫不迟缓，蹲在那儿一边说话一边快速用手示意每个人坐好。他的衬衫口袋里装着一包香烟。我们交谈过几句之后，他邀请妻子和女儿进了房间。他的脸上饱经沧桑，满是艰难岁月留下的痕迹。

作为一家之主，萨米尔用阿拉伯语连珠炮似的讲述着他的家庭需求。他解释说，他的一个儿子坐在外面的轮椅上，由于受伤，他的腿和臀部无法动弹。几个年幼的儿子穿着印有切尔西球队和巴塞罗那球队队标的旧足球衫，在我们说话的时候进进出出。

这个家庭被纳入了国际红十字会现金支付计划中，他们连续三个月每月能收到 43 万伊拉克第纳尔（相当于 360 美元）。这一家人中，5 个有残疾，只有一个人能工作，这笔钱可以让他们支付医疗费用。我问他们以及负责租下当前住处的一个堂兄弟，他们拿现金做了什么。答案很简单："现金支付计划让我们活了下来。"

萨米尔明确表示，流离失所的人知道什么对他们来说是最有用的。支付的现金让他们有能力获得生存和发展所需要的东西。对他们来说，现金才是王道。

国际红十字会最早进行了相关研究，对收到现金的难民和没有收到现金的难民进行了比较。2014 年，居住在黎巴嫩海拔 500 米以上村庄的

8.7 万名难民每月通过自动取款机可以提取 575 美元，这是一项旨在保护他们免受寒冷的“越冬”活动的一部分。结果是惊人的：童工的雇佣率下降，入学率上升，物价没有上涨。每给难民 1 美元，当地经济收入就增加 2.13 美元。[2]

当然，现金并不是所有地方解决问题的良药。在世界上某些市场经济没有发挥作用的地区，或者是在一些冲突或灾难地区，食物或非食物类商品不可能在市场上供应，那么流通的现金越多就意味着通胀越严重。但在条件具备的地方，现金的作用还是很显著的。

现金支付方案的推行在一定程度上受到捐助者和机构惯性的阻碍。此外还面临三个严重的挑战：我们需要探索更快的方法来确定适合此方案的人口，并简化现金分配中耗时的人工处理手续；我们需要在难民最可能居住的地方提供安全的财政服务；我们需要降低机构运行成本，以确保受益者收到的资助金额最大化。

慈善机构 Give Directly（意为“直接给钱”，官方网址 www.givedirectly.com）一直是该领域的先驱。它用有说服力的证据和完全公开透明的方式向公众表明，他们的资金可以直接改变东非那些需要帮助的人的境况，并确保资金安全高效地交付到那些人手里。

从中期来看，这三项挑战的答案都摆在我们面前：确保所有难民都登记在案，确保他们有唯一的身份识别码，能够访问移动电话网络或当地银行，并通过这些账户直接给他们现金。我们越早想出如何把现金安全、稳妥、快速地交到难民手里，效果就越好。

让我工作

难民可以为他们居住的国家做出贡献，而不是成为负担，这种观点对于重新思考如何开展人道主义援助工作至关重要。为了说明这一点，下面讲一个故事，不是计算机程序员、农民或工厂工人的故事，而是一个养蜂人的故事。

人们常说，难民逃离时，会带走他们最珍贵的财物。而对于来自叙利亚西南部达拉的乌姆·莱斯和阿布·卡拉姆来说，却做不到这一点，因为他们最珍贵的财产是蜜蜂。他们从父母那里继承了非常成功的蜂蜜生意。乌姆·莱斯抵达约旦时，她的一个儿子还留在叙利亚以完成高中学业。她说“感觉自己就像在暴风雨中飘摇的一只小船上”。

现在他们可以看到陆地了，多亏有一笔 700 美元的拨款让他们有机会重新开始生意，尽管这次是约旦的蜜蜂。卡拉姆先生很害羞地，甚至是羞怯地问我是否想看看他的蜜蜂。他带我从他郊外的公寓横穿马路来到一片一路下坡的橄榄园，离公寓楼有一段距离，这里有三个蜂箱，像白色的棚屋，这是他新生意的开始。

他小心翼翼地走近蜂箱，摘下蜂箱盖子，露出珍贵的蜂群。它们是他的未来，是他的经济来源，也是他的骄傲，是他在新社区立足的方式。

如果你能明白大批难民将无法返回家园，那么显而易见的问题就是，他们能够在何处又该如何谋生，并且为社会做出贡献。对成年难民来说，最好的选择是能够在接收国的城市、乡镇和农村地区找到工作，那样他们既可以创造自己的幸福生活，又可以为他们生活的国家做出贡献。

这是一个巨大的政治挑战。在西方国家，只要一谈到移民抢走工作机会，普通民众就充满怨恨、愤愤不平。当中等收入国家自身也存在失业问题时，这种矛盾就会激化，而事实上那些国家的确经常被居高不下的失业率所困扰。

乌干达的情况向我们指明了一种可能的解决办法。截至 2016 年底，已有近 100 万来自刚果、南苏丹、布隆迪和索马里的难民居住在那里。2017 年，南苏丹人以每天 2000 人的速度抵达乌干达。他们有权工作，有权搬到他们想去的地方，并有权选择在哪里生活。他们得到了小块土地进行耕种。他们可以通过工作、雇佣和贸易获得公共服务，将孩子送到公立学校，培养他们的技能，并为乌干达经济做出积极贡献。

由于南苏丹移民的激增，乌干达的经济面临着巨大的压力。但是，2014 年在坎帕拉进行的一项研究发现，由于采取措施帮助难民找到工作，78% 的难民不需要任何援助，全国只有 1% 的人完全依赖援助。[3] 乌干达是世界上难民人数第五多的国家，它的制度清楚地表明如果把难民当作高效、有用武之地的居民来对待，会带来诸多好处。这些经验有望得到更广泛的传播，因为乌干达已被选中试行联合国大会于 2017 年建立的新的全面难民响应框架，该框架旨在建立一种新的难民支持模式。

实现难民就业至关重要的是同意为难民接收国提供额外支持。难民在短期内大规模拥入确实会对经济造成冲击。以约旦为例，该国的债务与国内生产总值之比已从 60% 以下升至 90% 以上，因此，这些国家需要经济援助。

时任世界银行行长金墉认识到了这一问题的重要性，并改变了世界银行对难民接收国的态度（此前世行的态度是禁止中等收入国家得到世行的援助）。2016 年，他承诺开发新的金融工具，包括低成本的融资和保险产品，以支持在难民接收国创造更多就业机会。中东地区的目标是在未来 5 年内为约旦的叙利亚难民创造 20 万个就业机会，并为该地区创造 100 多万个就业机会。

这与历史上的一些做法有一些相似之处。例如，二战后，美国国务卿乔治·马歇尔宣布了利用公共财政和私营企业支持欧洲重建的“马歇尔计划”。该计划获得了一系列安全、政治、教育和文化方面的承诺作为支持，作为一个为期四年计划获准公开推行。在该计划实施期间，美国纳税人的付出占联邦预算的 5%~10%，以目前的美元价值估计，该计划的总资金应该为 1200 亿美元。

这种雄心壮志正是今天所需要的，而且不仅仅是来自一个国家，而是来自更广泛的国际社会。明白了这一点，另一个难题也就有了明确的答案：人道主义援助的未来不能建立在难民营的基础上，因为难民营根本不能为难民提供过上美好生活的机会，这些地方不是避难所，而是梦想的终结之地。

请给我的孩子一个受教育的机会

将近一半的流离失所者是儿童。2012 年，当我和“救助儿童会”（Save the Children）一起访问加沙时，众多充满活力、活泼热情、雄心勃勃的年轻人给我留下了深刻的印象。在世界各地，访问任何难民营、非正式定居点或城市环境中的家庭，到处都能看到孩子。他们的父母会谈论他们对孩子的希望，因为他们往往对自己已经丧失希望。

还有一些孩子失去了父母。我在坦桑尼亚靠

近布隆迪边境的尼亚鲁古苏难民营见到了 17 岁的弗雷德里克。发生在布隆迪的内战已经夺去了 30 万人的生命。[4] 公路的一边是刚果难民，另一边是布隆迪难民。

我之所以记得弗雷德里克，是因为他专注于去做一件他认为可以改变他一生的事情——教育，看到他的情形真的让人伤心。在帐篷里，他和十几位同龄人坐在我前面的长椅上。他有一个黑色的书包。他言语得体、意志坚定。他解释说，这是他第二次被驱逐出布隆迪，然后住在这个"监狱"里。他说他需要在布隆迪再受一年教育才能拿到高中文凭。他反复问我一个问题："我在哪里还可以再得到一年的教育？这样我就能拿到国家承认的证书毕业了。"我不知道怎么回答他。我一直都记得他跟我告别时说的话："我祈祷我的生活不要在这里结束。"

H.G. 威尔斯说："人类历史越来越成为教育与灾难之间争分夺秒的比赛。"他是在第一次世界大战后写下这段话的，当时，教育和启蒙变成了替代混乱和灾难的另一种可能。时至今日，他的观点仍然成立。

流离失所者的表现最能说明这一点，在他们身上，有效教育的缺失正酝酿着一场灾难。相关的数字不言自明：大约一半的流离失所者年龄在 18 岁以下；在人道主义总开支中，用于教育的不到 2%。[5]

这无疑会导致灾难的发生——不仅会导致贫困的生活，还会带来童工、早婚甚至极端思想的产生。而且父母们也知道这一点。2017 年 3 月，一名在伊拉克的叙利亚难民告诉我："为了我的孩子们我将前往欧洲。即便死在路上，我也在所不惜。至少在那里他们能够有受教育的机会。"

大脑成像显示，流离失所等逆境会产生"毒性压力"。[6] 这使得能够培养社交和情感技能的稳定安全的学校教育成为应对混乱困境的关键，因为也有证据表明这种损害是可以逆转的。

对儿童来说，最好的解决办法显然是让他们接受当地教育，这种教育不但质量要高，而且在有儿童产生额外需求的压力下依然有能力正常运转。成功需要额外的支持，例如语言需求、辅导或额外的社会心理活动。黎巴嫩建立了一个“双班轮换制度”，在这个制度下，学校在下午开设第二套课程。

但是没有教育体系的地方怎么办呢？或者学校已人满为患的地方？黎巴嫩想方设法让20万名叙利亚儿童顺利上学，在这方面做出了很好的成绩，但在其境内至少还有同等数量的叙利亚儿童没有机会接受任何教育。欧盟承诺将教育支出提高到人道主义援助总额的6%。与目前的水平相比，这是一个巨大的增长，但这种援助还有必要变成一个更加彻底的全球性运动来为未来长远发展注入资本。

以社区为单位的教育，有时被称为非正规教育，从影响范围和金钱价值方面来说是对国家层面教育最有效的补充。这是因为它优先资助的是教师和孩子之间的人际交往，而不是重点关注建设新校舍和购置其他昂贵设施。至关重要的一点是，非正规教育应被视为全面的国家政策的一部分，而且此类学校应得到认证，并提供这些学校的毕业生在正规学校继续深造的途径。在主流教育体制不包括特定儿童（比如女孩）的地方，非正规教育的重要性堪比生命线。

保护妇女和儿童免受暴力侵害

战争与和平这种宏观层次的政治在人道主义领域，比如女性在日常生活中遭受家庭或亲戚暴力这一微观政治层面也能找到类似之处。建立和平不能仅仅是（男性）政治人物、外交官和士兵的专利，尤其还有证据表明，女性参与进来会更有利于成功地建立和平。虽然很难获得具有统计意义的样本，但一些研究表明，将女性维和人员的比例从 0% 提高到 5%，预估有关性剥削和虐待的指控将减少一半。[7]在防止和处理针对妇女和女孩的暴力行为的努力中，除了维持和平、达致和平以及建设和平的高谈阔论，我们还应在日常工作中有实际行动。我之所以想在这里强调这一点，是因为它是人道主义整体风貌的一大特点，而且对女性的暴力行为极大地触犯了人类正派和尊严的根基。我们在走访中，几乎每个难民家庭都谈到了暴力这个问题。

在冲突局势中，妇女和女童因严重不平等的性别标准而不得不承受暴力性后果，而家庭和社区的解体、社区机构的削弱、财政不稳定和高度的压力更是加剧了问题的严重性。暴力行为（包括性暴力）的增加，与流离失所现象密切相关，并因此而加剧，这种暴力行为通过多种方式表现出来。青春期女孩更容易沦为性暴力、虐待、剥削、逼婚或早婚的受害者。

尽管有一些极端情况，或许正是因为存在一些极端情况，基本的干预措施可以产生很大的影响。例如，达达布难民营的一项研究表明，如果能在房屋里储备足够多的柴火，强奸案就会减少 45%（妇女如果不得不外出拾柴，就有可能在路上面临危险，强奸案数量也随之上升）。[8] 然而，专门用于预防和处理针对女性的暴力行为，特别是基于性别的暴力行为的专项资金却少得可怜。基于性别的暴力行为项目只获得人道主义总资金的 0.5%。这真是没有道理，尤其是当我们很清楚即使人们遭受了最严重的创伤，也有恢复的能力。刚果民主共和国的暴力程度之严重尽人皆知。一项研究表明，由未接受正规心理健康培训的妇女为性暴力幸存者提供的认知处理疗法大大减少了患抑郁症、焦虑症、创伤后应激障碍（PTSD）和功能障碍的概率。[9]

当暴力干预措施与经济干预相结合时，就有了双重好处：经济的增长和暴力的减少。许多研究发现，当妇女的经济状况得到改善时，家庭中的健康状况也有所改善，受教育程度有所提高，对妇女的保护也普遍得到改善。经济计划与应对行为变化的计划相结合，也减少了亲密伴侣间的暴力行为。

我也看到过一些成功阻止暴力侵害女性的尝试，这一定会涉及男性。在缅甸若开邦的弥蓬镇，我看到了今天世界上受害最严重的群体之一——缅甸穆斯林族群罗兴亚人——在一个巨大的栅栏围区内生活。他们约占若开邦人口的1/3，但面临流离失所、暴力和排斥等问题。

这个定居点非常大，连在此之前就有的村庄也包括在内。电力供应断断续续，几乎可以忽略不计，卫生设施简陋不堪。但我也看到了认真对待针对女性的暴力意味着什么——把罗兴亚族群中的男性也发动起来。

在一间预制板搭建的小屋里，我见到了妇女们，她们正在学习自我防卫；也见到了丈夫们和儿子们，他们勇于承担责任，带领整个社区减少针对妻子、女儿和姐妹的暴力行为。他们主要向当地的救援人员和志愿者学习，并且进行角色扮演来练习如何干预和防止暴力。研究表明，诸如此类的干预措施是可以奏效的。具体说来是以社区为基础，从多方面考虑，将女性和男性都动员起来，设法解决针对妇女和女孩的暴力行为带来的耻辱感，并注重解决冲突的技巧。在泰国、刚果民主共和国、海地和肯尼亚等国，此类项目成功地降低了人们对针对妇女的暴力行为的容忍度，并提高了对性别平等标准认同度。

然而在很多情况下，即使是最基本的防范步骤都没能做到位。而这些基本措施本可以减少妇女和女孩面临的风险。有些难民营没有适当的照明设备，茅厕没有门锁，领取分发食物时妇女需要穿过不安全的区域。这种情况历经多年依旧存在，看到这一局面会让你气得想拿头撞墙，但我们需要把这种愤怒转化为行动，以降低这些风险。

要想真正用致力于减少基于性别的暴力行为

的理念来设计援助项目，需要主管机构切实承担起责任来。这意味着那些提供食物、现金、医疗保健或庇护所的机构应遵循实践证明行之有效的规矩办事，将针对女性的暴力行为减少到最少；随时收集和公布数据，以实时反映正在采取基本措施的那些地区的情况；确保女性敢于举报暴力事件并有机会接受治疗。捐助者应利用适当的数据为女性提供更安全的环境。

对女性的暴力反映出的是人类历史上社会和文化方面的一些最深层次的不平等。没有一个社会不存在这种不平等现象。虽然事实上这往往是一种常态，但我们没有理由因此视而不见。要解决这一问题，光靠嘴说是不够的。言行不一没有任何借口，这一点显而易见。希望这个世纪将是以前所未有的坚定步伐大踏步前进、迈向真正平等的世纪，但我们没有时间继续等下去了。解决针对妇女和女童的暴力行为应该是广泛、彻底的经济和社会变革的一部分。不光是女性，还有男性也都在世界各地奔走呼吁实现这一变革。

在更好的体系中提供更好的援助

在人道主义事业中，也会有真正的英雄主义时刻，而且那些获得帮助的人都会心怀深深的感激之情。难民和流离失所者需要的不仅仅是英雄主义，他们需要一个有效的支持体系，但目前还不存在。

援助体系最令人震惊的并不是它的救助范围太小，尽管那确实是个大问题。它最大的问题是缺乏统一目标，向前推进项目的证据基础薄弱，用于支付干预措施的拨款无法长期拨付，这加剧了无效作为，也阻碍了创新。一切都需要改变。

目前，个体的努力是非凡的，但体制的力量是薄弱的。不同的政府捐助者都自行决定解决问题的优先顺序和分配资金的程序，互相之间没有统一标准。医疗保健、教育、保护或就业支持的不同提供者有他们各自的做事方式。联合国不同的机构对优先顺序的判断标准不同，也向不同的负责人汇报工作，而且，在规划供给和衡量进展方面也只有很薄弱的基准做参考。

是的，联合国成员国已经制定了全球可持续发展目标；他们呼吁要取得巨大成就，如“每个人都有机会获得全面和公平的优质教育”，这些既是平凡普通的目标，也是雄心壮志，每个目标下都有一些重要的具体目标和指标。但是，世界各地没有针对难民和流离失所者的具体目标，而这种目标是很有必要的，否则就不会产生足够强大的责任和压力，也就无法取得进展。

我希望看到的是制定明确、可量化和可衡量的统一目标来判断为受影响的不同人群提供援助的成果如何，而不用去考虑提供援助的是谁。这些目标将超越人道主义和发展参与者之间的鸿沟，不再受到地域限制，它们将适用于所有人。有了这些目标后资金支持和责任制度也将匹配一致。

我在担任教育大臣时看到了设定明确目标是多么重要，于是制定了提高考试成绩的全国性目标。但我们担心，平均水平可能会掩盖巨大的不平等，尤其是最贫困社区中最贫困儿童的欠佳表现，因此，我们设定了“最低目标”——最低的成绩水平，即使在条件最差的学校也适用。

这一次效果显著，就是因为在诸多措施中使用了最低目标这一措施，伦敦从全国成绩最差的学校系统之一变成了全国成绩最好的之一。我认为，针对不同地区的难民和流离失所者制定统一的成果目标也可以产生类似的效果。[10] 它可以让不同的救助提供者专注于共同的目标，允许跟踪和干预表现不佳的领域，给难民和流离失所者一些期望，让他们在评判那些帮助他们的人时有据可依。

我认可这一观点：如果没有实现改善的方法，那么改善这一目标本身就毫无价值。最重要的方法是设计的救助项目既要符合救助需求，又能因地制宜。

2015 年，在南苏丹视察国际红十字会抗击肺炎项目时，我看到了坚实的数据在拯救生命中发挥的力量。全世界每年有近 100 万儿童死于肺炎，减少死亡人数的关键是进行有效的早期诊断。出于这个原因，社区卫生工作者都拿到了一个闹钟，闹钟提前设置了一个一分钟的闹铃并指导他们数咳嗽或呼吸困难儿童一分钟内的呼吸次数。婴儿每分钟呼吸超过 50 次或年龄较大的儿童每分钟呼吸超过 40 次就意味着患上了肺炎。

但有效评估率只有 26%。原因是什么呢？许多社区卫生工作者无法数清楚或记住这两个标志性的数字。解决问题的办法不是开除社区卫生工作者。这些社区里能数数的人很少。应该找到更好的方法。

后来国际红十字会创造并发放了“计数珠”，这是一种带有彩色编码珠的项链。50 次以上的珠子是红色的（年龄较大的儿童 40 次以上的珠子即为红色），达到这个数值就可以确认为肺炎病例。通过向工作者展示每呼吸一次就移动一颗珠子，这样就不再需要数数并且记住。正确评估的比率——将手指放在临床医生数过位置的正负三颗珠子内——提高到了66%。今天，在国际红十字会的支持下，在南苏丹和刚果民主共和国境内的4500名社区卫生工作者正在使用计数珠。

致力于测试，并且使用事实证明有效的方法，这种做法需要在整个人道主义领域进行推广。然而，在降低儿童死亡率、防止家庭暴力、促进难民就业和扩大教育方面，人道主义团体还缺乏足够确凿的证据来证明什么方法是最有效的。劳伦斯·钱迪和他的同事们得出结论，当谈到流离失所和贫困之间的重叠时，"前沿知识是直截了当的，而且最佳实践解决方案最让人感觉平淡无奇。"[11]到目前为止，对冲突场景下的政策和实践大约进行了100次影响评估，而在贫穷但稳定的国家，这一数据多达4500多次。这种情况是不健康的，因为尽管危机局势确实会使研究工作更加困难，但正是他们面临的这种生死攸关的挑战，才使得获得真实有效的数据变得尤为重要，因为只有这样才能最终确定什么方法是奏效的。

至关重要的是，拨付资金支持需要有据可循：影响力更大的项目需要获得更多资金。这种承诺可以使援助资金发挥更大作用，在资源有限的世界里，这意味着拯救和改变更多的生命。

肯尼亚的一项研究表明，如果一次性投资 8900 美元用于计算机辅助读写教学，可以使 100 名学生的阅读技能提高 20%。但是，如果把同样数量的钱花在对教师的绩效奖励上，423 名学生会取得同样的进步；而如果用于补习辅导，695 名学生可以取得同样的进步。[12] 这是单纯依靠技术帮助取得进步的学生人数的 6 倍。并不是每一项研究都会揭示出这种差异，但是对不同方法的成本效益进行比较后发现这一做法应该得到推广。

如果你也认同这一观点，即我们需要更清晰的结果和更多的证据来证明什么是奏效的，那么问题就是如何让它们成为标准。就像在政府或私营行业，金钱驱动行为，要想实现更大的影响力，改革金融系统至关重要。目前的资金流动不可预测，交付速度太慢，我们正试图通过短期拨款来解决涉及几代人的问题。

我知道在国际红十字会，我们 2016 年的国际项目价值约 5.7 亿美元，分布于大约 400 项拨款中，到年底，另有 160 项拨款计划正在讨论中。所以在这里，你发现资金是碎片化的，行动也反映出短期主义的特点（只注重短期效益的思维模式）：平均资助时长大约是 12 个月。

我们需要持续数年的资助来匹配解决持续数年的问题。但这还不够。跨机构（人道主义、发展）和跨行业（卫生保健、妇女和儿童教育）筹集资金需要确保资金按需分配。此外，我们还需要研究能否调整保险产品以吸引新资本的注入，并加快对最严重危机的应对速度。这取决于捐助者，如果有意愿的话，是可以做到的。

还有一个我们需要的新型融资的例子：为那些能够产生变革性影响但同样可能失败的项目提供资金。在私营行业，这叫作研究开发。在私营行业，研究开发的投资比例占营业额的 5%，在人道主义事业中，这意味着要拿出 13 亿美元。但目前，真正用于研发的资金只占 13 亿美元的一小部分。[13] 部分原因是总体上资金不足，这意味着用于解决迫切需求的资金挤占了进行重要的长期研究所需的资金。要和世界上一些最脆弱的人一起承担风险，人们天生会有一种警惕心理。但我说的是为受益人承担风险。

我们知道，有一些严重的问题需要重新思考，也可以从其他行业借鉴一系列可能的解决方案。现在是风险资本进行大规模和深思熟虑的投资的时候了，而这些投资可能会带来变革性影响。

这些想法一旦付诸实施，这将为人道主义工作腾出时间和金钱，最重要的是增加其影响。它们涉及严格的政策制定、优先顺序设置和预算制定。他们有一个切实可行的核心理念：将人道主义行动转变为一个系统，以最强有力的方式改变流离失所者的生活——实际上，是改变全球的未来。

头脑冷静和心地善良从不矛盾，两者必须相辅相成。

·· 第四章

接纳难民

难民和接收他们的国家急需我们提供资金支持，但我们不能给钱之后就一走了之。我们也要主动欢迎难民到我们的国家。帮助要从这里开始，把我们的家园变成一线。我们需要寻求各种公平人道的方法，为这些逃命的人提供庇护。

在一个陌生国家开始新生活很艰难。事实和经验告诉我们，在经历了可怕的战争冲突幸存下来之后，这些难民深知自由的重要性，下定决心要为他们的孩子争取被剥夺的生活机会。

1956 年苏联出兵匈牙利之后，安迪·格鲁夫是第一批受益于国际红十字会难民服务的人中的一个。他小时候患了猩红热，听力受损，红十字会觉得他需要一个助听器，就给他买了一个。他努力进取，最终创建了美国英特尔公司，改变了我们所有人的生活。当然像安迪·格鲁夫这样成就了一番大业且影响深远的难民少之又少，但是难民们因其亲身经历总能提供一些特别的东西。

所以"迎接难民"不只是一句口号，还是原则和目的主张。正是因为并不是每个人都能获得庇护，才更加需要我们确保规则的公平。我深知这一点是因为我自己家族的历史。

第二次世界大战结束后，我的祖父回到比利时寻找他的妻子和女儿，想和他们一起回英国与我父亲团聚，我父亲当时已经重新开始求学。这一决定权在当时的英国内政大臣詹姆斯·丘特尔·伊德手中，而且看起来幸运之神似乎会眷顾我们，因为我们的申请得到了强有力的支持，我父亲在伦敦经济学院的导师哈罗德·拉斯基是当时的执政党工党的主席。

哈罗德·拉斯基写给詹姆斯·丘特尔·伊德的信件以“我亲爱的伊德”开始，努力说服他允许米利班德一家来英国与他们年轻优秀的亲人团聚。在今天看来这应该叫作“家庭团聚”，依旧是很重要的。然而，尽管看起来形势对我的家人有利，申请有希望获得批准，但最终得到的答复却是否定的。伊德的回复坚定又不失礼貌：不是所有想来英国的人都能如愿以偿，政策不能偏袒任何人。他甚至使用了那个如今看来充满毒性的词：（潮水般）涌入。

当然你可以明白伊德的两难处境。他的工作是决定谁能来英国，这项工作艰巨困难，他自然不能为了取悦同事而分配名额。（这个故事充满讽刺的是，命运常常曲折起伏、变化无常，伊德彼时是代表南希尔兹地区的议员，而 50 年后我成了这一选区的代表。）

难民们在一个新的国家获得保护，就意味着他们有机会重新开始生活，但这不是接纳难民的唯一原因。欢迎难民入境是一种立场，象征着我们与接纳最多难民的国家并肩战斗，而且接纳难民这一做法表明我们坚决维护国际法中的个体权利，这是维持全球秩序的根基所在，需要捍卫。

当今难民寻得安全有很多种途径，我在这重点介绍两种最重要的难民前往西方的路径：重新安置和提供庇护。

当一国政府同意接纳难民入境，并为其提供避难所的时候才能进行重新安置。对难民进行审查，判断其是否有充足理由惧怕在自己国家会受到侵害，对其进行脆弱性评估，进行安全检查，这些工作都要在境外完成。美国历来经营着最大的难民安置计划。

而与此不同的是，提供庇护的前提是该国政府同意某人待在本国。而包括安全审查在内的调查均发生在境内或边境地区。安全审查的目的是决定某人是否因为无法被安全遣返而获许待在本国。德国目前拥有世界上最大的提供庇护计划。[1]

重新安置和提供庇护都很重要。重新安置范围需要进一步扩大；庇护体制需要完善，需要更加人性化。

难民重新安置：自由的漫漫长路

布莎娜·纳吉是重新安置的难民典型代表，她和她的一家来自巴格达。她是一名小学老师，丈夫是一名工程师。2004 年，她的长子扎伊德于（当时 22 岁）被什叶派民兵组织枪杀，她的二儿子奥马尔多次遭到绑架。她们一家逃亡到叙利亚大马士革外的耶尔穆克难民营，一家人蜗居在一个单人间生活了两年。她们在那里向美国的难民重新安置计划提出申请，终于在 2008 年获准入境。

他们发现在纽约布朗克斯的生活成本高得离

谱，所以搬到了爱达荷州，在那里生活了两年，在马铃薯工厂工作。之后一家人又搬回纽约，在那儿布莎娜为国际红十字会工作。她丈夫塔里克在一家供电公司工作，他们的孩子都在工作，有的在人力资源领域，有的在计算机领域，还有的在犹太慈善机构。她的外甥还在美国军队服役。

上次我们谈话时，布莎娜说她为成为美国人而自豪。她完全忠于美国这个国家，她的孩子们说永远都不会忘记这个国家给予他们的优待。还能去哪儿找比这更好的友邻?

重新安置使难民有机会在一个稳定的国家开始新的生活，这对于那些身陷困境的人来说不亚于救命稻草。它的救助对象是最不堪一击的群体，包括处于危险境地的妇女、患病或残障儿童、老年人和酷刑受害者。救助过程通常是由联合国难民署制定政策，接收难民的国家会自行进行安全和其他审查，并且在难民的选择和接纳上保留全部权力。犯下严重罪行的个人，毫无疑问包括恐怖主义行为，将无资格获得难民身份，因此也就无权申请重新安置。

2016年，全世界不到20万人正式得到重新安置。[2] 四个主要的难民原籍国家是：叙利亚（难民人数占总数的1/3）、刚果民主共和国、伊拉克和索马里。美国接收的难民人数一向最多（约占总数的40%~50%），不过特朗普政府承诺要将人数减至最多5万人。2016年度，加拿大接收的难民人数为第二高，接近4.7万人，澳大利亚紧随其后（2.76万人），第四名为英国（5000人）。

难民重新安置计划已经证明那些末日论者是错的，他们断言难民无法成功融入。在美国，国际红十字会和其他重新安置机构会在机场迎接难民，帮他们寻找住所和工作，把孩子送入学校，助力他们开始新生活。美国的难民制度高度重视帮助难民立刻获得工作，美国政府给难民提供贷款以支付旅行交通费用，并且提供持续数月的现金支持，帮助他们支付食宿和购买个人必需品。一年后他们会获得绿卡，5 年后成为美国公民。最近一项研究估算，难民在美国居住的前 20 年间缴纳的税款比他们领取的福利多出 2.1 万美元。[3]

也有其他难民安置模式能够激励公民参与进来。在加拿大，“私人赞助”计划可以让市民以家庭或者团体为单位自掏腰包向难民提供帮助，帮助期一年（帮助一个四口之家的费用为 2.8 万加元）。研究表明加拿大的难民最终确实会上升到中产阶级，尽管这通常要花费十年时间。[4]一个类似的“社区赞助”计划正在英国试行，该计划得到了志愿者组织和宗教信仰团体的支持。

2016 年，有 37 个国家参与到难民重新安置计划中来。联合国预计有将近 120 万弱势难民迫切需要得到安置。鉴于此，负责安置难民的国家数量以及它们需要安置的难民数量都要增加，而特朗普政府却提议减少接收难民数量，与此背道而驰。

2016年，欧洲国家总共安置了1.4万名难民，虽然与前一年的9000名相比有了大幅增长，但整体数量依旧很低。国际红十字会认为欧洲应该大幅增加其难民安置数量，在5年之内通过合法的重新安置计划接收至少54万名难民。涉及欧盟所有国家的重新安置提案目前已提交至欧洲议会和欧盟部长理事会等待通过。举措得当的话，这项亡羊补牢的改革将会极大促进各国之间加强协调，群策群力，加速安置进程，增加安置人数。

另外，海湾阿拉伯国家合作委员会目前没有任何一个成员国接收难民。虽然有很多叙利亚人在这些成员国境内生活和工作，但这些国家并不欢迎他们，也没有把他们当作难民进行安置。这些国家应该签署联合国公约，行动起来。

难民安置的安全审查

虽然人们对难民进行适当的安全审查是完全合法的，但是有些人蓄意利用和歪曲事实，试图将难民妖魔化为安全威胁，这样做是违法的。事实上，申请重新安置的难民与学生签证或旅游签证的申请者相比，面临着更加严苛的安全检查。让恐怖主义受害者为恐怖分子的行为付出两次代价是错误的。这些受害者先是在战争或冲突中失去了一切，然后他们又被剥夺了重新开始生活的机会。

美国筛选叙利亚难民的安全审查至少有 21 个步骤。对所有难民而言，该安全审查整个过程平均需要 18~24 个月，涉及 12~15 个政府机构，要进行多项检查、生物识别测试、面对面访谈，所有这些都是为了确保难民身份属实，对美国不会构成任何威胁。

有些国家决定拒绝接收难民时就会制造舆论，这等于是主动送礼物给那些煽动极端主义的人。美国总统特朗普于2017年1月和3月相继签署的关于移民和难民的行政令，正是这样的礼物。

签署的行政令用国籍来判断是否危险，将移民签证（安全审查宽松）和难民签证（安全审查严苛）混为一谈，轻视过去曾支持美国军队和政府的伊拉克人。这样一来，如果再有人悄悄告诉全世界的穆斯林说，美国永远不会支持他们，让他们对此信以为真就易如反掌了。不管这些行政令最终是否被认定为违宪，毫无疑问，它们违背了人之常情，并不是明智的政策。难怪社交媒体上一个亲“伊斯兰国”的派别将此禁令称为“上天所赐”。[5]

一系列的独立报道试图弄明白官方公布的有关难民和恐怖主义的数据。联邦调查局的一名前分析师诺拉·埃林森说，联邦调查局曾4次因恐怖主义相关的罪行而对难民实施抓捕，其中两次抓捕行动中被逮捕的难民来自总统特朗普行政令名单上的国家（尽管这两个国家都没有在美国境内策划恐怖主义活动）。新美国基金会说，“自‘9·11’事件以来在美国境内组织致命袭击的每一名“圣战分子”其实都是美国公民或合法居民。”传统基金会解释说，没有完整的数据不可能做出准确测定。但是如果加上 2002 年前就入境的难民，一共有 61 名获得重新安置的境内难民从事过恐怖主义活动。[6]

而自“9·11”事件以来，共计超过 90 万难民获准入境得到重新安置。2016 年 9 月，卡托研究所通过计算得出美国人被难民杀害的概率为三十六亿分之一。[7] 因此所谓本土恐怖主义才是更加危险的，而那就不是某个团体或宗教信仰的专属领地了。

在任何阶段等待安置的难民都没有权利而言，他们都要完全服从于安置国家的决定。正如最近退休的美国国土安全部部长杰赫·约翰逊所说：“一直以来都是申请者身负重担，要能够找到证据证明他有资格在这个国家申请难民身份……如果我们没有掌握足够多的信息，无法做出正确决定，或者申请过程中出现的问题没有得到满意解决，申请就会在我们获得更多信息之前遭到搁置或拒绝。”[8]

当然美国政府完全有权审议针对难民的调查安排，但即便是这样，也没有必要暂停难民接收计划。如果政府有余地在管理方面做出合理改变，那就直接去做，而且这种情况也确实持续了数年。但是政府对审查结果满意之后，总统却决定将美国每年接收难民入境的数量从奥巴马时期的每年 11 万人减少到目前的每年 5 万人。这是什么逻辑？毫无逻辑可言。

庇护：保护难民的安全阀门

与申请重新安置的难民不同的是，申请庇护的难民并不像在约旦、肯尼亚或刚果，或像布莎娜在叙利亚那样提心吊胆地等着他们的申请通过。他们自己想办法到达一个《关于难民地位的公约》的签署国家，在该国边境或者境内申请庇护。随着国内冲突激增，气候变化问题日益突出，人道主义需求和现状之间的差距进一步扩大，更多的人有可能逃离祖国，寻求庇护。

来自中美洲三角地带的洪都拉斯、危地马拉和萨尔瓦多三个国家的无监护人陪伴的未成年人，他们面对的痛苦经历是这场悲剧的美洲版。自 2015 年起，有超过 1.3 万人在去往欧洲的途中不幸死在地中海地区。[9] 即使有幸活下来，他们一生的积蓄也被走私者抢劫殆尽。其他人则与家庭分离走散，在途中遭到虐待，还有一些人被囚禁在恶劣的环境中。我记得在希腊的莱斯博斯岛遇到一位叙利亚老妇人，她的轮椅被协助偷渡者扔进了爱琴海，因为轮椅并不是必需品，她交的费用也不涵盖运轮椅的费用。所幸国际红十字会又给她买了一个新轮椅。但其他人就没这么幸运了，而且他们寻求庇护也不一定能成功。虽然各国的数字有所不同，但总的说来寻求庇护的人有 40% 会遭到拒绝。[10]

2016 年，来自 164 个国家的 220 万人提交了寻求庇护申请，与 2015 年相比减少了 20 万人。美国收到了 26.2 万份庇护申请，申请者主要来自中美洲。与 2015 年一样，2016 年还是德国收到的申请最多，共计 72.2 万份。[11] 2015—2016 年，欧洲共收到 250 万份庇护申请。[12]

英国首相特蕾莎·梅认为慷慨接纳寻求庇护者对于那些来不了的人来说不公平，但是我们又凭什么说从阿勒波（一个叙利亚城市）跑到英国来寻求庇护的人就不如从约旦来寻求重新安置的难民可怜呢？寻求庇护的权利来之不易，它象征了一种承诺，誓言将捍卫国际法中的个体权利和正当程序。难民和其接收国需要一套快速、高效、一贯的体系来处理申请，将合格的申请者融入本国，将不合格的申请者安全人道地送回家。

庇护：正确之举，需要更好组织

欧洲的经历明白无误地显示出庇护管理面临的挑战。欧洲在地理位置上毗邻饱受冲突和贫穷之苦的中东和北非热点地区，这使得它自然受到难民和庇护申请者的青睐。然而欧盟机构和成员国各国机构之间的责任划分，欧盟内部各国之间自由流动和国家边界限制的微妙关系，都使得事情更加复杂。欧洲致力于保障高标准人权的实现，但是欧盟成员国之间的一体化程度或合作水平还不足以保证管理的高效畅通。

欧盟直言不讳地说“移民既是机遇，也是挑战”。[13] 这不无道理。有些成员国确实需要境外的工人来增加其劳动力。与此同时，非法移民或证件不全的经济移民和寻求庇护者大量涌入欧洲，却只集中在几个成员国内，所以也是一个巨大的挑战。

德国对此的回应是大胆且勇敢的，而且在我看来，是成功的。德国总理默克尔及其同僚宣布，德国同意所有来自叙利亚的寻求庇护者待在德国等待申请处理，不用回到他们抵达欧盟后入境的第一个国家，这样的决定确实因缺乏规划而容易招人诟病。然而如果对出现在欧洲门槛的难民危机置若罔闻的话，风险将远远大于默克尔的决定所带来的风险。而且德国国力强大，这一决策也得到了全德国各地志愿者的大力支持，在解决这个问题上已经取得巨大进展。

2016 年 2 月，我去柏林拜访默克尔，并去拜访了几个难民家庭。在见面的前一晚，默克尔夫人乘坐的专机在从竞选活动地返程时发动机出现故障，所以她几乎一夜没睡。但是她依然冷静坚定地说出了她经常挂在嘴边的那句话："Wir schaffen das"（大意是"我们能做到"）。她解释说她是在民主德国长大的，对于难民们失去一切却还抱有希望的矛盾心情，她感同身受。她强调德国是一个有着独特历史的富裕国家，这种独特性激发德国民众愿意站出来，无私提供志愿服务，帮助他人。她深以其同胞为荣，她的同胞激励着她继续前行，尽管她的行为已经招致反对的声音，甚至可能会影响选举结果，她也在所不惜。她传达的是一种内心笃定的信念：既然德国能把东西部统一起来，把数千万公民纳入一个国家，那么应对 100 万庇护申请也不是问题。

到 2017 年春季，从中东地区到达欧盟的人数已经有了明显下降，从 2016 年第一季度日平均 2000 人降到 2017 年第一季度的每天 350 人。[14] 人数减少的原因多种多样，其中包括欧盟和土耳其达成的协议。根据协议，土耳其对企图去往欧洲的难民实施更加严格的边境管控，并且同意将到达希腊群岛的所有难民带回去。即便如此，从北非，主要是利比亚到意大利和西班牙这条线路的压力依旧很大。2017 年 1—5 月，有 6 万人到达意大利，在申请中心排起长队等待办理手续。

不管是政治上还是实际上，接收难民面临的挑战之巨大，甚至引发了以下讨论：鉴于救助地中海地区的人会怂恿更多的人前来，应不应该救助他们；把人遣返回利比亚是否人道，因为那里没有政府，人们会身陷险境；是否要把为了保障安全的发展资金用于解决移民流动问题，而不是贫困问题。

对每一个问题，我的答案都是“不”。但不管欧洲人道主义援助的领导层多么努力地为来自非洲和中东的难民改善条件，欧洲仍然面临着最重要的抉择，那就是找到一种可推行的、便于管理的、广为接受的方式来兑现其建立有效庇护体系的承诺。

在欧洲的外部边境还有许多问题。欧盟最近商定了一个新的出入境体系，该体系将记录所有第三国国民出入欧盟（和拒绝入境）的流动情况。这是必要的安全措施，但这只是故事的一个方面。边境内部发生的事情也需要解决。

截至2016年底，在希腊和意大利共有14万份还未处理的庇护申请，这两个国家接收了大量前来欧洲的庇护申请者。[15] 那些庇护申请者正在营地和办理中心等待对他们的申请做出的判决。对于这些申请，我们需要特事特办，坚定不移地妥善处理。欧洲面临的根本挑战是要在欧盟各国之间建立一个更加一体化、更为协调的体系，将办理步骤、资格条件和接收标准统一起来。

欧洲共同庇护制度（Common European Asylum System）要求申请保护的人在入境的第一个欧盟国家寻求庇护，这是有道理的，但要实行起来需要前提条件，那就是给予意大利和希腊两个国家在办理手续方面的大力支持，并且保证这两个国家不需要为成功的庇护申请者提供饮食和服务。要求所有国家共同承担责任才是明智之举。各国都要参与进来，要么主动接收庇护申请者，帮忙把获准的庇护申请者分配到欧洲大陆各地，要么付钱给别的国家，请他们照顾本国拒收的庇护申请者。

对于那些因为断定其遣返回国后没有充足理由惧怕会受到侵害而导致庇护申请未获批准的人，应将其安全人道地遣返回国，这也是确保庇护处理过程完整性和合理性的一个重要措施。最近的数据是从 2015 年起，有大约 25 万人寻求庇护未获批准后被送回各自国家。虽然欧盟并没有做到将所有未获批准的庇护申请者全部遣返回国，但这至少是一个认真的承诺。不应该像对待罪犯一样对待这些人，因为他们无罪。

全世界都应该学习欧洲的经验。如果庇护申请者在逃亡途中得到的保护微乎其微，那就应大力提高保护力度；如果他们被忽视了，那就应该对他们重视起来；如果申请处理过程拖沓无序，那就加速办理，保持连贯一致；如果条件太差不符合人道主义，那就改善条件；当申请未获批准，要让人有尊严地回国；如果接收了难民和庇护申请者，就要让他们成功融入。进入这个国家只是开始，真正融入进去才是目标。在一个多元社会里取得成功需要国家和个体的共同努力。

保护和融入

我们这些捍卫难民和庇护申请者权利的人应坚持为他们做好以下工作：有效筛选，助其熟悉本土环境，最终实现彻底融入。教皇方济各抓住每一个机会支持难民和寻求庇护者，他曾经写道："我认为理论上说我们不应该对难民有戒备之心，但是管理者确实需要防微杜渐，小心谨慎。他们必须能够做到一方面慷慨接收难民，一方面想出安置他们的最佳方案，因为对于难民，并不只是接收就行了，还需要让他们融入本土生活。"[16]

"融入"这个词需经过深思熟虑之后谨慎使用。这个词既需要我们尽心，又能赋予我们强大力量，只有在完全了解它的本质是什么、不是什么之后才能发挥作用。于我，它本质上与包容和团结密切相关。融入意味着加入进来共同奋斗，为完成共同任务贡献一己之力。它代表着共同的责任和福祉。

在我看来，“融入”和“同化”的意义不同。美国人对“同化”的理解可能会有差异，但是在欧洲人看来，“同化”的意思就是新来的群体被吸纳到已经存在的静态文化中，丢掉之前自己的独特身份。那既不可取也不可能。然而，融入也不等同于宽容，我的理解是，宽容的言外之意就是将新来的人与其想要加入的群体分隔开来。实际上，“宽容”这个词没有任何“欢迎加入”的意思。

麦肯锡全球研究所最近的一项研究强调说要成功实现融入需要四个要素。第一是在劳动力市场方面采取措施帮助新移民找到工作，第二是强调儿童教育的重要性，第三是应与当地居民混住，而不是集中居住在指定区域，第四是注重学习当地语言和文化。[17]

国际红十字会在美国正是这样做的。经济融入——从找到工作到建立起良好的信用记录——是基础，但只有经济融入是不够的，社交融入——从上学到居住到融入社区生活——才是成功的关键。

罗伊·詹金斯是英国最成功的内政大臣之一，他在50年前的就职演说中就已经谈到了这一点。他对于今后会遇到的挑战有着先见之明。他当时奋力支持将英联邦移民计划的范围扩大到英国，而且提出，企图用同一个模子打造每个移民是愚蠢的做法，其后果将是根据对典型英国人的刻板印象打造出一系列错位扭曲的复制品。他也警告说不要因怨恨而心生冷漠。他认为融入不是磨平一切棱角的同化过程，而是为新移民和本地居民提供一个同等机会，随之带来的是文化的多元化。[18]

詹金斯从美国那里学到的经验是：实现融入需要积极行动起来。这在今天显得尤为正确。

如果移民出现不满情绪，就要积极解决；如果移民感受到身份危机，最好能够明确向他们说明，他们不需要在宗教信仰和国籍之间做抉择；如果移民受到极端组织的招募吸引，除了有效的反恐措施之外，还需要社区动员，让移民感受到温暖和关怀，从而不受极端组织的蛊惑。

说到底，实现融入要靠我们所有人，需要每个街区的人为之努力。只有这样，藩篱才会倒，社区才得建。进步的取得从古至今都是这样的。现在比以往任何时候都需要我们这样做。

·· 结 语

乌班图精神认为我们都只是生命之光中的一束。我们说，“人之为人，因有他人”。

——大主教德斯蒙德 · 图图

在难民危机中我们面对的最大难题并不是问题波及范围有多广，而是我们害怕所做的努力付诸东流。这种恐惧如影相随，让我们身心俱疲。这个问题确实太大、太复杂、太严重，很容易让人觉得再怎么努力也还是收效甚微，改变不了什么。而我只要心中产生这种疑虑，就会看一看纽约办公室里挂的那幅蜡笔画。那幅画是我在尼日利亚东北部地区时 11 岁的小女孩阿米娜·穆萨送给我的。

那个地区一直以来就是赤贫地区，博科圣地在那儿从事暴力活动，使得当地居民生活在恐怖之中。有一次，我去参观阿达马瓦州首府约拉城外的马拉科伊安置点。在一片树木和草地中间的空地上（其实是草地被踩踏成了尘土飞扬的空地）立着一些土棚子。树木之间划出来一块地方，孩子们在那儿参加国际红十字会的“治愈教室”，“治愈教师”用玩耍、指导和课堂管理等方法来营造一个安全、有秩序的地方，让孩子们学习，帮助他们应对冲突产生的精神和社会后果带来的冲击。地上有蓝色和绿色的毯子以及一些桌椅。

我就是在那儿遇到阿米娜·穆萨的。她很娇小，坐在一把白色塑料椅上，和其他 6 个孩子挤坐在一张白色塑料小圆桌前。她正全神贯注地画着一个尼日利亚女人。妇女的脸庞和上半身的轮廓已用铅笔勾勒出来，有耳环、头巾、心形吊坠的短项链。然后是用蜡笔画出的柔和色彩：绿松石色、橙色、黄色和绿色。

阿米娜说她认为美丽就是这样子的。她说不出来画上的女人是她原本就认识还是只在她的梦里出现过，但是她的老师们告诉我仅仅在 11 周前，她还只是画尸体和士兵。老师们希望我能带上这幅画，因为它是一个绝佳的例子，证明一切皆有可能。如果阿米娜·穆萨能从那种可怕创伤中痊愈，那么我们理应给她和数百万跟她一样的孩子重建生活的机会。

我们都是船员

流离失所导致的危机并不只是政府的政策问题，这是对我们所有人的考验，不管是从企业层面还是普通公民层面来看。大家必须行动起来。正如未来学家马歇尔·麦克卢汉（Marshall

McLuhan）说过的那样，“在‘地球号’太空飞船上没有乘客。我们都是船员”。[1]当政府在解决问题的过程中未能预见危险时，就需要志愿组织、宗教团体、私营机构和普通公民挺身而出。

所幸，人们有很多种方式对难民施以人道主义援助。我们必须要从帮助来到我们社区的难民开始。他们需要你将知道的本地情况告知他们——从公交系统的运行情况到去哪儿就医等信息；他们需要你的语言技能，帮助他们练习语言，直到熟练掌握；他们需要你的关系网帮他们找到工作；他们需要你帮助他们的孩子，支持你的孩子和他们的孩子交朋友，帮助他们适应新生活；他们需要物品支援，比如衣服、家具、家居用品等，因为他们来的时候身无分文，而且负债累累。

而这一切都不如邀请他们去你家做客更重要。最近我们就邀请了来自不丹的一个难民家庭来家里吃晚餐。他们两年前来到纽约，在那之前他们在尼泊尔的难民营待了25年。我们问他们飞机落地时都在想些什么。他们说："没有语言能表达我们当时的心情。"他们有尊严、有勇气，我们很荣幸能邀请他们来家里做客。爱彼迎的"开放家园计划"鼓励公司的房主们免费向难民开放家园供其居住，这是一个很好的参与方式。大家可以访问网站 www.airbnb.com/welcome/refugees 阅读详情。如果你生活在欧洲，也可以通过网站 www.unitedinvitations.org 组织自家晚宴。

你所在社区的基督教堂、犹太教堂、寺庙或清真寺对难民发出邀请，也会让他们心头温暖。纳尔吉尔是一位来自阿富汗的穆斯林难民，有幸得到了国际红十字会的重新安置。2017年1月，我带着纳尔吉尔去参加纽约中央犹太教堂的活动，当时在场的不下500人。在活动中，纳尔吉尔讲了她的故事，告诉大家她如何饱受丈夫虐待，逃出阿富汗，最终在美国安身。突然，人和人之间就有了一种情感共鸣。共鸣带来理解，理解之后，大家就会自发行动起来帮助支持难民。

想了解帮助难民的机会，在美国你可以访问网站 www.welcomingamerica.org/engage/take-action 阅读详情。在英国，访问以下网站 www.refugee-action.org.uk/heres-can-help-refugees，www.refugees-welcome.org.uk，或 www.cityofsanctuary.org。在瑞典，访问 www.welcomemovement.se 或 www.oppnadorren.se。在德国，你可以在“拯救我运动”（Save Me Kampagne）的当地分支机构做志愿者，输入“save me”（拯救我）和你的家乡或社区名称即可找到。在荷兰，可以访问网站 www.vluchtelingenwerk.nl/steun-ons。

难民们也需要大家的声音，不管是通过社交媒体还是大家选举出来的代表发声，都要坚定支持因接收难民不堪重负的国家，对它们进行国际声援，对重新安置难民的国家予以国际援助。长久以来，人们都假定这种跨党派的支持不需要解释和说服工作。挺身而出固然需要勇气，但有了支持就没那么难了。虽然美国一些州试图禁止接收难民，但是在这些州的一些城市的现任市长，比如得克萨斯州的达拉斯、休斯敦和米德兰等城市，则证明了支持难民并不一定意味着政治生涯的终结。在美国，你可以访问网站 www.welcomingamerica.org 加入“美国欢迎你”（Welcoming America）的联盟。

而企业对于这项运动的成功至关重要。当然了，难民也会经商，并且雇用工人。但是对于其他企业来说，有一个最重要的先决条件，它们的参与是做生意，而不是做慈善（帮助难民找到工作）。有许多这样的例子。最引人注目的是星巴克承诺给一万名难民提供工作，也由此成了业界的标杆。但实际上各行各业都有能力做出贡献。

这与思维模式有关。在法律方面，2017 年 1 月，当难民们被特朗普政府颁布的旅行禁令困在机场的时候，一些律师站出来施以援手。在高等教育方面，扎克·密西特是威斯康星州一个很小的文理学院里彭学院（Ripon College）的校长，他在几年前给我打电话说由于得到校友的赞助支持，学院愿意为难民提供奖学金，而且他很热心地跟国际红十字会一道寻找合适的学生。今年第一位以难民身份来此学习的学生，来自埃塞俄比亚的梅雷特通过该奖学金项目毕业了，他主修的是经济和商务。他参加了校足球队，加入了兄弟会，得到了芝加哥和华盛顿特区的三个工作机会，目前正在做决定。密西特发给我的信息很简单："请给我们多送些像梅雷特这样的学生来！"

有许多很好的事例说明企业是如何发挥作用的，不只是用金钱，还可以给有想法有经验的员工放假，让他们放手去做。谷歌给抵达欧洲的难民提供信息平台的技术支持，了解详情可访问 www.refugee.info。另一个范例是喜达屋酒店及度假村国际集团，它和猫途鹰合作共同帮助难民。2016 年，喜达屋帮助国际红十字会开发并推出“酒店业链接”这一活力十足的就业准备项目，旨在为重新安置在得克萨斯州的达拉斯和加利福尼亚州的圣迭戈的难民提供高质量的工作机会。这一项目得到了猫途鹰慈善基金会的支持，目前已扩展到了另外三个城市。

这向大小企业发出了信息：尽你所能提供条件，动员你的员工也这样做，雇用难民，思考如何应用你的技能、技术或机制来帮助解决难民问题。更多启示，请访问 www.tentpartnership.org。

时事评论家时常会谈到对难民的抵制。确实会有人制造恐慌，散布污言秽语，但是抵制并不是全部。除了抵制，还有支持。总有人勇敢站出来捍卫他们国家赖以生存的价值观。冰激凌公司本杰瑞（Ben&Jerry’s）就是这样做的，它发起了倡议活动，帮助难民在欧洲得到重新安置。有排斥难民的人，就有欢迎难民的人。我们需要探讨，现在是时候了。

当政府考虑退缩的时候，企业和个人就需要勇敢站出来。我必须指出，非政府组织依靠的是个人和企业的支持。我是英国人，不擅长讨论筹款，但在纽约的 4 年时间给了我锻炼的机会。大家可以在网站上 www.rescue.org 向国际红十字会捐款。如果诸位慷慨解囊，我将不胜感激。我们会利用善款改善对全世界的难民和流离失所者提供的服务。

我们共同的未来

难民危机和流离失所危机并不仅仅是另一个需要解决的政策问题，它是我们在前进道路上面对的道德和政治分岔口。它涉及道德，是因为我们每个人都要决定我们的所思所想和未来的所作所为；涉及政治，是因为我们如何对待难民会从根本上体现建立全球秩序的核心目的和本质，以及各国在全球秩序中起到的作用。之所以说是道路的分岔口，是因为在过去 70 年间，对促进全球进步起到最重要作用的一些想法和制度在一些国家遇到了挑战，而正是那些国家最初帮助建立了这一全球秩序。

对待难民的措施是衡量国际体系的性质、稳定性和价值观的风向标。我们可以拯救难民和流离失所者的尊严和希望，而且如果行动起来我们就能够帮到他们，与此同时，还能重塑我们的价值观和国际使命。这样做的目的是减轻这些流离失所者的苦难，释放他们的潜能。这样做带来的好处应该是为促进国际秩序的稳定性带来实质性的改变，并且能够用事实彰显国际合作的益处。

当国家都像第二次世界大战后的西方国家那么有自信、有实力、有自我意识的时候，它们就会有一种开放的心态，并且愿意参与到世界合作中。它们会帮助国土之外的脆弱群体，不单单是出于人道主义和责任感，也是为自身利益考虑。

二战后的西方世界体现了约翰·F. 肯尼迪所说的“相互依赖宣言”的精神，维护的是全球普遍价值观，而不仅仅是西方价值观；认为在任何地方的不公平和压迫现象都是对所有地方实现公正和自由的威胁。难民权利问题和驱使打破藩篱、结束冷战的动力是一致的。

但是曾经的承诺现在危在旦夕。就其自身利益而言，全球化太过不平等、不稳定、不安全。而流离失所带来的危机正是全球化的症结之一，而且这一危机目前正为一些别有用心的人所利用，目的不是改革，而是摧毁全球体系。

当国家感到害怕或怀疑，缺乏远见和方向时，它们就会自我封闭，与世隔绝，对那些可怜的人也紧闭大门，即使他们的悲惨故事会让你的心融化。这一情景正在西方世界上演。美国政府的决定——降低海外援助力度，减少接纳难民人数——使这一问题雪上加霜。而欧洲国家正在努力商定一致的政策框架。英国之前邀请了 3000 名无监护人陪伴的儿童来英国定居，现在已决定撤销该邀请。

反对帮助难民其实是更大范围内信任危机的体现，包括贸易、安全和气候各方面。美国总统特朗普退出《巴黎协定》这一决定，尤其是对做出该决定的解释，都是对世界“相互依赖宣言”的背叛和反向行动。在他宣布退出协定的演说中，压根没有提及面临共同问题的世界共同体这一概念。只有为各自利益互相竞争的国家；一方赢，另一方就必然输。“公共利益”这一概念的意思是某国采取某行动带来的好处并不会局限于该国，而是对全世界都至关重要，然而这一信念现在已荡然无存。

这种立场经常被称为“民粹主义”，因为它将“普通民众”的利益与精英阶层的利益对立起来。扬-维尔纳·米勒（Jan-Werner Müller）是普林斯顿大学的政治学教授，他写了一本关于民粹主义的重要著作。他在书中解释道，[2] 右翼民粹主义将矛头对准外国人，把他们称为“人民”的威胁，而对于精英阶层的特权带来的经济上的冲击避而不谈。他认为右翼民粹主义包括三个方面：人民、精英和外国人。“人民”正遭到“精英”的背叛，而双方的对立反倒给“外国人”的自身利益带来好处。

在这一政治派系中，工人阶级和中产阶级因自身经济损失和社会地位的下降，对最富有阶层和社会其他阶层之前不平等差距的进一步扩大充满愤怒。而这种愤怒转化成了对世界上最脆弱群体的敌意。美国总统特朗普正是巧妙使用了这一策略。他在就职一百天的演讲中说道：“随着非法移民数量激增，难民大量涌入，安全审查松懈，所有这些威胁到家庭的安全和保障时，你们开始年复一年地请求华盛顿严格执行法律。”

在这份声明中大家看到他使用了非人化称谓，称难民为“洪水猛兽”，把难民当作武器——称他们是潜在毒素。而且演讲中淡化难民和移民的区别，导致合法的庇护申请都难以进行。

这样做的危险也是显而易见的——正如铁幕统治着 20 世纪后半期一样，新的隔离墙将统治 21 世纪的前半期。它们反映的是一个破败失修的国际体系：更加脆弱的多边体制，国力强大的国家更加肆意地采取单方面行动，全球范围内动乱滋生，世界更加混乱。于是，这些不平等和不安全问题，作为导致多边体制无法建立的元凶，进一步恶化，而不是得到解决。

我的观点很简单：全球化若没有规则约束是难以维系的，若没有制度保障是无法管控的，若没有公平公正则是不合理的。所以我们必须加倍努力，更加坚定地修复这个虽有缺陷却必不可少的国际体系。

要改变现状，取代这种先诽谤后退缩的恶性循环，不只需要新的政治信息——我们定义的威胁、坏人乃至英雄都要改变，而且还需要一种新的思维方式。那就不仅仅是难民和流离失所者的问题了。首先需要弄明白的是：全球秩序在哪些领域虽然取得成功但还是免不了沦为受害者，比如说开拓市场或促进技术革新就进一步激化了矛盾；在哪些领域全球秩序因没能遏制不平等现象的加剧，没能妥善处理伊拉克和阿富汗问题，没能解决气候危机的一系列失败而自食其果。这需要解决一个两难局面：在不提供“另类事实”（alternative fact，实际上是不现实的事实）——回到更美好的昨天——的前提下，满足人们的认同感和归属感。

这是一场战争。国际合作要战胜单方面的哗众取宠，多元主义互相受益要战胜团体狭隘思想的专治，还有长久维持的全球普遍价值观与在虚伪错误的文明冲突中割裂的不同人口和宗教团体的利益分解之间的斗争。这是一场战争，为价值观、理解力和制度而战，因为正是它们支持着人们在面对最糟糕的冲动和争论时保持人性的至善。

难民和流离失所者的命运取决于这份努力，

这就是为什么它是国际秩序未来的风向标。这是一个测试，考验的是有共同人性的国际社区这个概念到底是真实的还是虚无的。照顾最脆弱的群体，维护他们的权利，这样不仅仅是在帮助他们，还起到了标杆作用，让别人知道解决共同问题的办法。将共同责任确定为国际关系的基本原则。为解决其他问题做好准备，不管问题是环境变化还是健康风险。

流离失所者所受的磨难体现了全球化这一时期的不平等现象和不安全状况，他们需求急切却又生怕被拒绝。这场危机广度之大、程度之深，正好成了检验我们的价值观和远见的试金石。我们必须通过这场测试，而且只要共同努力，我们一定能通过。

叙利亚的难民儿童在黎巴嫩一个临时搭起来的帐篷安置点学习。
摄影：雅各布·罗素（国际红十字会）

·· 致　谢

我很感激已故的艾德·维克多，他是一位文学倡导者。他不仅是我的经纪人，帮我把我的感悟落实到文字上，写就了这本书，还为我找到了 TED 系列丛书的编辑米歇尔·昆特。米歇尔自始至终都充满热情，而且事实证明她是一贯正确的，即使她很严苛（她在编辑第一稿的时候大喊我需要做“大幅改动”）。我也要感谢伦敦的两个朋友彼得·海曼和查理·里德比特，他们帮我构思和规划。

我很幸运能够遇到国际红十字会的同事们。他们总是对我鼓励有加，也从不吝惜跟我分享专业知识，是他们让这本书变为现实。我很欣慰卖出去的每本书都能让我们获得资金，支持我们继续工作。国际红十字会董事会联合主席凯瑟琳·法利和特蕾西·沃斯腾克罗夫特不断鼓励我把这本书写完，而丹尼斯·费罗尼排除万难帮我挤出了时间，让我专心写书，凯特·科尼利厄斯帮丹尼斯一起维持着我办公室的正常运行。我非常感谢莎拉·凯斯，我们搭档，一起研究、规划和思考。在写书的整个过程中，她一直在贡献想法和见解。丹尼尔·雷斯勒在我知之甚少的领域提供指导，并且对我只能依靠直觉判断对错的时候帮我查找事实予以佐证。以下同事也都认真阅读了此书并提供了他们的意见：珍妮·安南、尤兰达·巴贝拉、克里斯汀·金·巴特、里卡多·卡斯特罗、夏兰·唐纳利、艾利欧夏·奥诺弗里奥、格兰特·戈登、安娜·格林、拉维·古鲁莫斯、奥利弗·莫尼、乔迪·尼尔森、拉达若以·蔻夏、马德琳·赛德勒、埃丽诺·莱克斯、雷克斯·西美、莎拉·史密斯、伊莫金·萨德拜利、瑞秋·安科维克和梅勒妮·沃德。卡尔·派克通读了后期的一稿，提出了很有用的建议。

我将此书献给我的家人。露易丝让我感觉一切努力都是值得的，我的孩子们则提供了判断力。最感谢的是他们三个。

·· 注 释

引 言

1 Where only first names are used, I have changed them at the request of the family to protect their identity.

2 UNHCR, *Global Trends: Forced Displacement in 2015* (Geneva: UNHCR, 2016); http://www.unhcr.org/576408cd7.pdf.

3 Ibid.

4 Richard Haass has published a book by this title: *A World in Disarray: American Foreign Policy and the Crisis of the Old Order* (New York: Penguin, 2017).

5 David Armitage, *Civil Wars: A History in Ideas* (New York: Knopf, 2017).

6 Bremmer, "The Era of American Global Leadership Is Over. Here's What Comes Next," *Time*, December 19, 2016; http://

time.com/4606071/american-global -leadership-is-over/.

第一章

1 UNHCR, *Global Trends: Forced Displacement in 2016.* (Geneva: UNHCR, 2016); http://www.unhcr.org/5943e8a34.pdf.

2 World Bank Group, *Forcibly Displaced: Toward a Development Approach Supporting Refugees, the Internally Displaced, and Their Hosts* (Washington, DC: World Bank Group, 2017); https://openknowledge.worldbank.org/bitstream / handle/10986/25016/9781464809385.pdf?sequence=11&isAllowed=y. See also Nicholas Crawford, John Cosgrave, Simone Haysom, and Nadine Walicki, *Protracted Displacement: Uncertain Paths to Self-reliance in Exile* (London: Overseas Development Institute, September 2015); https://www.odi.org/sites/odi.org.uk/files/odi-assets/publications-opinion-files/9851.pdf.

3 Xavier Devictor and Quy-Toan Do, "How Many Years Have Refugees Been in Exile?," Policy Research Working Paper WPS7810 (Washington, DC: World Bank Group, 2016); http://documents.worldbank.org/curated/en/549261472764700982 /How-many-years-have-refugees-been-in-exile.

4 David Armitage, *Civil Wars: A History in Ideas* (New York:

Knopf, 2017).

5 Ibid.

6 UNHCR, *Global Trends: Forced Displacement in 2016*, 15; http://www.unhcr.org/5943e8a34.pdf.

7 "Syria Regional Refugee Response—Lebanon" ; http://data.unhcr.org/syrianrefugees /country.php?id=122. See also UNRWA Lebanon page, https://www.unrwa.org/sites / default files/content/resources/unrwa_in_figures_2016.pdf.

8 UNHCR, *Global Trends: Forced Displacement in 2016*: http://www.unhcr.org/5943e8a34.pdf.

9 Norwegian Refugee Council, *Grid 2017: Global Report on Internal Displacement* (Geneva: Internal Displacement Monitoring Centre, 2017), 9; http://www.internal -displacement.org/assets/publications/2017/20170522-GRID.pdf.

10 World Bank, "World Bank Forecasts Global Poverty to Fall Below 10% for First Time; Major Hurdles Remain in Goal to End Poverty by 2030," October 4, 2015; http://www.worldbank.org/en/news/press-release/2015/10/04/world-bank -forecasts-global-poverty-to-fall-below-10-for-first-time-major-hurdles-remain-in -goal-to-end-poverty-by-2030.

11 Our World in Data, "Share of the World Population Living in Absolute Poverty, 1820–2015" ; https://ourworldindata.org/wp-content/uploads/2013/05/World -Poverty-Since-1820.

png.

12 "GDP (current US $)" ; http://data.worldbank.org/indicator/NY.GDP.MKTP.CD.

13 Laurence Chandy, Hiroshi Kato, and Homi Kharas, "From a Billion to Zero: Three Key Ingredients to End Extreme Poverty," in *The Last Mile in Ending Extreme Poverty*, ed. Chandy et al. (Washington, DC: Brookings Institution Press, 2015), 6–17.

14 Ibid., 14.

15 Simon Maxwell, "A New Case Must Be Made for Aid. It Rests on Three Legs," March 28, 2017; https://oxfamblogs.org/fp2p/a-new-case-must-be-made -for-aid-it-rests-on-three-legs/.

16 Paolo Verme, Chiara Gigliarano, Christina Wieser, Kerren Hedlund, Marc Petzoldt, and Marco Santacroce, *The Welfare of Syrian Refugees: Evidence from Lebanon and Jordan* (Washington, DC: World Bank, 2016), xi; https://openknowledge.worldbank.org/bitstream/handle/10986/23228/ 9781464807701.pdf?sequence=21.

17 Elizabeth Ferris, "Climate Change, Migration, and the Incredibly Complicated Task of Influencing Policy," Keynote Address, Brookings Institution Conference on "Human Migration and the Environment: Futures, Politics, Invention," Durham University, Durham, UK, July 2015; http://cmsny.org/

publications/climate-change -migration-policy-ferris/.

18 Norwegian Refugee Council, *Grid 2017: Global Report on Internal Displacement*, (Geneva: Internal Displacement Monitoring Centre, 2017), 10; http://www.internal-displacement.org/assets/publications/2017/20170522-GRID.pdf.

19 Ban Ki Moon, "A Climate Culprit in Darfur," *Washington Post*, June 16, 2007; http://www.washingtonpost.com/wp-dyn/content/article/2007/06/15 /AR2007061501857.html.

20 Caitlin E. Werrell, Francesco Femia, and Troy Sternberg, "Did We See It Coming? State Fragility, Climate Vulnerability, and the Uprisings in Syria and Egypt," *SAIS Review of International Affairs* 35, no. 1 (Winter–Spring 2015): 32; http://research.fit.edu/sealevelriselibrary/documents/doc_mgr/463/Werrell%20et%20al.%20 %202015.%20 %20CC%20Middle%20East.pdf. See also Colin P. Kelley, Shahrzad Mohtadi, Mark A. Cane, Richard Seager, and Yochanan Kushnir, "Climate Change in the Fertile Crescent and Implications of the Recent Syrian Drought," *PNAS* 112, no. 11 (March 17, 2015): 3241–46; http://www.pnas.org/content/112/11/3241.full.

21 R. Andreas Kraemer et al., "Building Global Governance for 'Climate Refugees,'" March 18, 2017; http://www.g20-insights.org/demo/policy_briefs/building-global

-governance-climate-refugees/.

22 Colin Bundy, "Migrants, Refugees, History and Precedents," *Forced Migration Review* 51 (January 2016); http://www.fmreview.org/sites/fmr/files /FMRdownloads/en/destination-europe/bundy.pdf.

23 UNHCR, "Convention and Protocol Relating to the Status of Refugees" (Geneva: UNHCR, 2010); http://www.unhcr.org/en-us/3b66c2aa10.

24 Gilbert Jaeger, "On the History of the International Protection of Refugees," *International Review of the Red Cross* 83, no. 843 (September 2001): 727–38; https://www.icrc.org/eng/assets/files/other/727_738_jaeger.pdf.

25 UNHCR, "States Parties to the 1951 Convention Relating to the Status of Refugees and the 1967 Protocol" ; http://www.unhcr.org/en-us/protection /basic/3b73b0d63/states-parties-1951-convention-its-1967-protocol.html.

26 International Organization for Migration, "Global Migration Trends 2015 Factsheet" ; http://publications.iom.int/system/files/global_migration _trends_2015_factsheet.pdf.

27 Susan Nicolai et al., "Education Cannot Wait: Proposing a Fund for Education in Emergencies" (London: Overseas Development Institute, May 2016), 10; https:// www.odi.org/sites/odi.org.uk/files/resource-documents/10497.pdf. See also UNHCR, "Missing Out: Refugee Education in Crisis,"

September 2016; http:// www.unhcr.org/57d9d01d0.

28 Paolo Verme et al., *The Welfare of Syrian Refugees: Evidence from Lebanon and Jordan*, 8; https://openknowledge.worldbank.org/bitstream /handle/10986/23228/9781464807701.pdf?sequence=21.

29 Department for International Development, "CHASE Briefing Paper: Violence Against Women and Girls in Humanitarian Emergencies," October 2013, 8; http://reliefweb.int/sites/reliefweb.int/files/resources/VAWG-humanitarian -emergencies.pdf.

30 High-Level Panel on Humanitarian Financing, "Report to the Secretary-General: Too Important to Fail—Addressing the Humanitarian Financing Gap," January 2016, 2; http://reliefweb.int/sites/reliefweb.int/files/resources/%5BHLP%20Report%5D%20Too%20important%20to%20fail%E2%80%94addressing%20 the%20humanitarian%20financing%20gap.pdf.

31 "Syria Conflict: Jordanians 'at Boiling Point' over Refugees," BBC, February 2, 2016; http://www.bbc.com/news/world-middle-east-35462698.

32 United Nations, "Universal Declaration of Human Rights" ; http://www.un.org/en /universal-declaration-human-rights/.

33 Albert Einstein to Eleanor Roosevelt, July 26, 1941. Franklin D. Roosevelt Presidential Library and Museum; https://

fdrlibrary.tumblr.com /post/141047307759/i-have-noted-with-great-satisfaction-that-you.

34 Ishaan Tharoor, "What Americans Thought of Jewish Refugees on the Eve of World War II," *Washington Post*, November 17, 2015; https://www.washingtonpost.com / news/worldviews/wp/2015/11/17/what-americans-thought-of-jewish-refugees -on-the-eve-of-world-war-ii/?utm_term=.480596f89b87.

第二章

1 Ryan Teague Beckwith, "Transcript: Read the Speech Pope Francis Gave to Congress," *Time*, September 24, 2015; http://time.com/4048176 /pope-francis-us-visit-congress-transcript/.

2 Jim Yardley, "Pope Francis Takes 12 Refugees Back to Vatican After Trip to Greece," *New York Times*, April 16, 2016; https://www.nytimes.com/2016/04/17/world /europe/pope-francis-visits-lesbos-heart-of-europes-refugee-crisis.html?_r=0.

3 "Archbishop of Canterbury on the Refugee Crisis," September 3, 2015; http://www.archbishopofcanterbury.org/articles.php/5606 /archbishop-of-canterbury-on-the-migrant-crisis.

4 Ed Stetzer, "Evangelicals, We Cannot Let Alternative

Facts Drive U.S. Refugee Policy," *Washington Post*, January 26, 2017; https://www.washingtonpost.com /news/acts-of-faith/wp/2017/01/26/evangelicals-we-cannot-let-alternative-facts -drive-u-s-refugee-policy/?utm_term=.b12175ca64c1&wpisrc=nl_faith&wpmm=1.

5 Jonathan Sacks, *Not In God's Name: Confronting Religious Violence* (New York: Schocken Books, 2015), 186–87.

6 Omid Safi, "Faith and History Demand Better of Us," On Being, January 26, 2017; https://onbeing.org/blog/omid-safi-faith-and-history-demand-better/.

7 "Refugee Act of 1979: Hearings Before the Subcommittee on Immigration, Refugees, and International Law of the Committee on the Judiciary, House of Representatives, Ninety-Sixth Congress, First Session, on H.R. 2816," 222. U.S. Government Printing Office, Washington, DC: 1979; https://archive.org/stream / refugeeactof197900unit#page/220/mode/2up/search/califano.

8 Joschka Fischer, "Goodbye to the West," Project Syndicate, December 5, 2016; https://www.project-syndicate.org/commentary/goodbye-to-american-global -leadership-by-joschka-fischer-2016-12.

9 Ian Buruma, "The End of the Anglo-American Order," *New York Times*, November 29, 2016; https://www.nytimes.

com/2016/11/29/magazine/the-end-of-the-anglo -american-order.html.

10 Tal Kopan, "Donald Trump: Syrian Refugees a 'Trojan Horse,'" CNN Politics, November 16, 2015; http://www.cnn.com/2015/11/16/politics /donald-trump-syrian-refugees/.

11 Adam Nossiter, "Marine Le Pen, French National Front Leader, Speaks at Her Hate-Speech Trial," *New York Times*, October 20, 2015. https://www.nytimes.com/2015/10/21/world/europe/marine-le-pen-french-national-front-leader -speaks-at-her-hate-speech-trial.html.

12 "Wilders Tells Dutch Parliament Refugee Crisis Is 'Islamic Invasion,'" *Newsweek*, September 10, 2015; http://europe.newsweek.com/wilders-tells-dutch-parliament -refugee-crisis-islamic-invasion-332778. See also Sarah Wildman, "Geert Wilders, the Islamophobe Some Call the Dutch Donald Trump, Explained," Vox, March 15, 2017; http://www.vox.com/world/2017/3/14/14921614/geert-wilders -islamophobia-islam-netherlands-populism-europe.

13 From George Washington to Joshua Holmes, December 2, 1783, https://founders.archives.gov/documents/Washington/99-01-02-12127.

14 See, e.g., "How to End the War in Afghanistan," *New York Review of Books*, April 29, 2010; http://www.nybooks.com/articles/2010/04/29/how-to-end-the-war -in-afghanistan/.

15 UNHCR, *Global Trends: Forced Displacement in 2016* (Geneva: UNHCR, 2017); http://www.unhcr.org/5943e8a34.pdf.

16 Peter Neumann, *Radicalized: New Jihadists and the Threat to the West* (London: I. B. Tauris, 2016).

17 Thomas Gibbons-Neff, "'Fear of Muslims Is Rational': What Trump's New National Security Adviser Has Said Online," *Washington Post*, November 18, 2016.; https:// www.washingtonpost.com/news/checkpoint/wp/2016/11/18/trumps-new -national-security-adviser-has-said-some-incendiary-things-on-the -internet/?utm_term=.e1329d245a76.

18 Ahmed Rashid, "ISIS: What the US Doesn' t Understand," *New York Review of Books*, December 2, 2014. http://www.nybooks.com/daily/2014/12/02 /isis-what-us-doesnt-understand/.

19 Ed Husain, "Wrecking Ramadan: What Happened to the Month of Peace?," CNN, June 24, 2017: http://www.cnn.com/2017/06/24/opinions/isis-ramadan-month -of-peace/index.html.

20 See, e.g., Marwan Muasher, *The Second Arab Awakening and the Battle for Pluralism* (New Haven, CT: Yale University Press, 2014).

21 Michael V. Hayden, "Former CIA Chief: Trump's Travel Ban Hurts American Spies—and America," *Fresno Bee*, February

6, 2017: http://www.fresnobee.com /opinion/opn-columns-blogs/article131060334.html?fb_comment_id=1464539040283588_1464548310282661.

第三章

1 Department for International Development, "Annual Report and Accounts 2015–16" ; https://www.gov.uk/government/uploads/system/uploads/attachment_data /file/538878/annual-report-accounts-201516a.pdf.

2 International Rescue Committee, "Emergency Economies: The Impact of Cash Assistance in Lebanon," August 1, 2014; https://www.rescue.org/report /emergency-economies-impact-cash-assistance-lebanon.

3 Alexander Betts, Louise Bloom, Josiah Kaplan, and Naohiko Omata, "Refugee Economies: Rethinking Popular Assumptions" (Oxford, UK: Humanitarian Innovation Project, University of Oxford, June 2014), 36–37; https://www.rsc.ox.ac.uk/files/publications/other/refugee-economies-2014.pdf.

4 Murithi Mutiga, "Burundi Civil War Fears as President Accused of Campaign of Murder," *Guardian*, January 5, 2016; https://www.theguardian.com/world/2016 /jan/05/burundi-pierre-nkurunziza-police-protest-crack-down.

5 Susan Nicolai et al., "Education Cannot Wait: Proposing a

Fund for Education in Emergencies" (London: Overseas Development Institute, May 2016), 8; https:// www.odi.org/sites/odi.org.uk/files/resource-documents/10497.pdf.

6 J. P. Shonkoff et al., "The Lifelong Effects of Early Childhood Adversity and Toxic Stress," *Pediatrics* 129(1): e232–e246.

7 Charles Kenny, "Using Financial Incentives to Increase the Number of Women in UN Peacekeeping," October 17, 2016: https://www.cgdev.org/publication /using-financial-incentives-increase-number-women-un-peacekeeping.

8 Maureen Murphy, Diana Arango, Amber Hill, Manuel Contreras, Mairi MacRae, and Mary Ellsberg, "Evidence Brief: What Works to Prevent and Respond to Violence Against Women and Girls in Conflict and Humanitarian Settings?" (Washington, DC: George Washington University, 2016); http:// whatworks.co.za/documents/publications/66-maureen-murphy-diana -arango-amber-hill-manuel-contreras-mairi-macrae-mary-ellsberg/file.

9 Judith K. Bass et al., "Controlled Trial of Psychotherapy for Congolese Survivors of Sexual Violence," *New England Journal of Medicine*, 2013; 368 (June 6, 2013), 2182–91: DOI: 10.1056/NEJMoa1211853. http://www.nejm.org/doi/full/10.1056 /NEJMoa1211853#t=article.

10 The UN calls these "collective outcomes."

11 Laurence Chandy, Hiroshi Kato, and Homi Kharas, "From

a Billion to Zero: Three Key Ingredients to End Extreme Poverty," in *The Last Mile in Ending Extreme Poverty*, ed. Chandy et al. (Washington, DC: Brookings Institution Press, 2015), 5.

12 Patrick J. McEwan, "Improving Learning in Primary Schools of Developing Countries," *Review of Educational Research* 85, no. 3 (September 1, 2015): 353–94.

13 Deloitte, "The Humanitarian R&D Imperative: How Other Sectors Overcame Impediments to Innovation," March 2015; https://www2.deloitte.com/content /dam/Deloitte/global/Documents/About-Deloitte/dttl_cr_humanitarian_r&d_imperative.pdf.

第四章

1 UNHCR, *Global Trends: Forced Displacement in 2016* (Geneva: UNHCR, 2017); http://www.unhcr.org/5943e8a34.pdf.

2 Ibid.

3 William N. Evans and Daniel Fitzgerald, "The Economic and Social Outcomes of Refugees in the United States: Evidence from the ACS." National Bureau of Economic Research Working Paper No. 23498: http://www.nber.org/papers /w23498.

4 Lori Wilkinson and Joseph Garcea, "The Economic Integration of Refugees in Canada: A Mixed Record?,"

Migration Policy Institute, April 2017: http://www.migrationpolicy.org/research/economic-integration-refugees-canada-mixed-record.

5 Eliza Mackintosh, "Trump Ban Is Boon for Isis Recruitment, Former Jihadists and Experts Say," CNN Politics, January 31, 2017; http://www.cnn.com/2017/01/30 /politics/trump-ban-boosts-isis-recruitment/index.html.

6 Nora Ellingsen, "It' s Not Foreigners Who Are Plotting Here: What the Data Really Show," Lawfare, February 7, 2017; https://lawfareblog.com/its-not-foreigners -who-are-plotting-here-what-data-really-show. "Part II. Who Are the Terrorists?," New America; https://www.newamerica.org/in-depth/terrorism-in-america/who -are-terrorists/. "The U.S. Refugee Admissions Program: A Roadmap for Reform," Heritage Foundation, July 5, 2017; http://www.heritage.org/immigration/report /the-us-refugee-admissions-program-roadmap-reform.

7 Alex Nowrasteh, "Terrorism and Immigration: A Risk Analysis," Cato Institute, September 13, 2016; https://www.cato.org/publications/policy-analysis /terrorism-immigration-risk-analysis.

8 Statement by Secretary Jeh C. Johnson on the Safety and Security of the Homeland, and How Congress Can Help, November 23, 2015; https://www.dhs.gov/news/2015/11/23/

statement-secretary-jeh-c-johnson-safety-and-security-homeland-and-how-congress-can.

9 International Organization of Migration; https://missingmigrants.iom.int/. Accessed on August 14, 2017.

10 UNHCR, *Global Trends: Forced Displacement in 2016* (Geneva: UNHCR, 2017); 44–45; http://www.unhcr.org/5943e8a34.pdf.

11 Ibid.

12 Pew Research Center, March 15, 2016; http://www.pewresearch.org/fact-tank/ 2017/03/15/european-asylum-applications-remained-near-record-levels-in-2016/.

13 European Union Delegation to the United Nations, "EU Statement—United Nations General Assembly: Special Session on Population and Development beyond 2014," September 22, 2014; http://eu-un.europa.eu/eu-statement-united-nations-general -assembly-special-session-on-population-and-development-beyond-2014/.

14 UNHCR, "Operational Data Portal" ; http://data2.unhcr.org/en/situations /mediterranean.pdf.

15 UNHCR, *Global Trends: Forced Displacement in 2016* (Geneva: UNHCR, 2017); http://www.unhcr.org/5943e8a34.pdf.

16 Conferenza Stampa di Papa Francesco nel volo di ritorno dal Viaggio Apostolico in Svezia in occasione della Commemorazione Comune luterano-cattolica della

Riforma, January 11, 2016 (English translation provided.); http://press.vatican.va /content/salastampa/it/bollettino/pubblico/2016/11/01/0789/01764.html#en.

17 McKinsey Global Institute, "Europe's New Refugees: A Road Map for Better Integration Outcomes," December 1, 2016; http://www.regionalmms.org/images /sector/a_road_map_for_integrating_refugees.pdf.

18 Roy Jenkins, *Essays & Speeches* (London: Collins, 1967).

结 语

1 Statement in 1965, in reference to *Operating Manual for Spaceship Earth* (1963) by Buckminster Fuller, as quoted in *Paradigms Lost: Learning from Environmental Mistakes, Mishaps and Misdeeds* (2005) by Daniel A. Vallero, p. 367.

2 Jan-Werner Müller, *What Is Populism?* (Philadelphia: University of Pennsylvania Press, 2016).